TRAITÉ PRATIQUE

DE CÉRAMIQUE

PHOTOGRAPHIQUE

LABORA ET NOLI
CONTRISTARI

BIBLIOTHÈQUE PHOTOGRAPHIQUE

TRAITÉ PRATIQUE

DE

CÉRAMIQUE

PHOTOGRAPHIQUE

ÉPREUVES IRISÉES OR ET ARGENT

COMPLÉMENT DU

Traité des Émaux photographiques

Par GEYMET

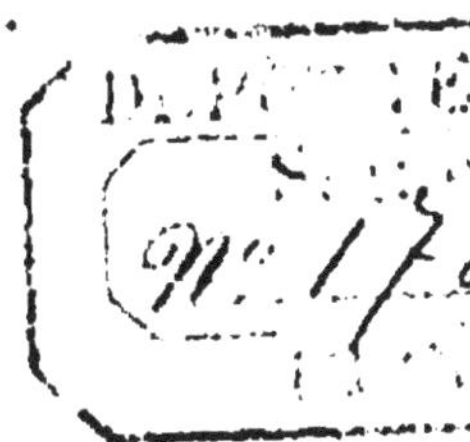

PARIS

GAUTHIER-VILLARS, IMPRIMEUR-LIBRAIRE

DU BUREAU DES LONGITUDES, DE L'ÉCOLE POLYTECHNIQUE

SUCCESSEUR DE MALLET-BACHELIER,

Quai des Augustins, 55

1885

PRÉFACE.

Nous nous étions proposé en principe de décrire quelques nouvelles applications photographiques.

Mais, après réflexions, vu la connexité des opérations, nous avons cru utile de combler les lacunes qui rendent incomplet notre *Traité des émaux photographiques*.

On trouvera dans cette brochure, qui est le complément de la première, toutes les indications relatives à la décoration de la porcelaine. Nous sommes heureux de répondre, en la publiant, aux questions qui nous sont journellement adressées par correspondance.

GEYMET.

TRAITÉ PRATIQUE

DE

CÉRAMIQUE

PHOTOGRAPHIQUE

ÉPREUVES IRISÉES OR ET ARGENT

CHAPITRE PREMIER.

Considérations générales.

Dans le champ si bien fouillé de la Photographie, le chercheur le plus expérimenté trouve toujours un coin inexploré, une remarque à faire, et des conséquences à en tirer.

Quelques personnes peuvent se demander ce qui restera à découvrir par les photographes de l'avenir.

J'estime cependant que, de recherches en recherches et de déductions en déductions, le cercle photographique est suffisamment élastique pour se prêter à une extension sans limite.

Nous convenons que toute nouveauté n'aura pas

l'importance du gélatinobromure, mais on tirera des principes connus des applications utiles et nouvelles qui permettront de créer des types inusités et d'un ordre différent, pour alimenter par des nouveautés le commerce et l'industrie, ce qui est, en fin de compte, le but des recherches.

Une idée, quelle qu'elle soit, simple ou savante, a toujours un côté pratique et utile. Toute conséquence qui découle de cette idée doit être notée et livrée à la curiosité de l'artiste et de l'homme de travail. Il est présumable que ce qui échappe à celui qui a eu la première intuition sera saisi par le lecteur d'aujourd'hui ou de demain qui reprendra l'idée pour la compléter.

Certes, nous n'avons pas la prétention de faire connaître ici une découverte importante, mais nous pouvons dire que nous décrivons avec tous ses détails une méthode simple, facile, très pratique, qui donne lieu à une foule d'applications industrielles.

Ce qui nous décide à la publier, c'est l'originalité des épreuves qu'elle fournit et les effets extraordinaires qu'elle permet d'obtenir.

La Photographie n'a jamais produit d'épreuves plus étranges et qui puissent au même degré flatter l'œil par le miroitement de l'or et de l'argent et par un phénomène d'irisation qui se produit naturellement et qui répand sur l'ensemble de l'épreuve toutes les couleurs de l'arc-en-ciel.

C'est tons chatoyants, qui ne nuisent jamais à la pureté du dessin, viennent spontanément sans l'emploi de matières colorantes. Ils surpassent en feu et en éclat les miroitements capricieux de la nacre et les fantaisies qu'on admire sur les ailes du papillon.

L'opérateur est toujours surpris au moment où cet effet inattendu se produit. Il arrive avec régularité et certitude, que la main de l'opérateur soit adroite ou inexpérimentée. Ces couleurs, d'une vivacité extraordinaire quoique dues au hasard, se placent presque toujours d'elles-mêmes, pour ainsi dire avec intelligence, sur les parties de l'épreuve où l'on aurait désiré les poser.

Tout est singulier dans ce procédé. Pour les autres opérations photographiques, il faut absolument s'isoler de la lumière et opérer dans l'obscurité pour la préparation et l'extension des couches sensibles que la lumière doit oxyder et réduire. Ces précautions sont inutiles dans la méthode dont nous parlons.

Les images sont données par une préparation très sensible à l'actinisme du rayon solaire, et cependant la préparation de la liqueur sensible peut être faite en pleine lumière. Les glaces sont préparées, séchées, mises au châssis-presse toujours en pleine lumière, et l'épreuve, après insolation, est développée dans les mêmes conditions anormales. Le cabinet noir est supprimé.

Si nous ne croyions cette méthode digne du plus grand intérêt, nous nous serions bornés à donner une simple Note dans les Recueils photographiques; mais nous préférons la développer dans une brochure, qui éveillera mieux l'attention des amateurs et des photographes. Nous prévoyons qu'il en sera fait tôt ou tard une application importante dans l'industrie, à cause de la simplicité des opérations et de la rapidité exceptionnelle du tirage. Nous ne parlons pas de la qualité et de l'originalité des épreuves. Il suffit de les voir pour être convaincu.

Il n'y a pas à tenir compte du prix de revient, qui est insignifiant.

Nous sommes persuadé d'avance que les amateurs qui sont fatigués des tirages sur papier, n'offrant plus d'intérêt pour le plus grand nombre d'entre eux, et qui n'osent pas aborder les difficultés inhérentes aux travaux de vitrification, de gravure ou d'impression à la presse, trouveront dans cette nouvelle application un passe-temps des plus intéressants. Ce procédé leur procurera d'agréables surprises, même après ce qui vient d'être dit.

Ce procédé est neuf dans ses applications, mais il est basé, en partie, sur des réactions déjà connues et développées *in extenso* dans notre *Traité des émaux photographiques* [1].

[1] GEYMET, *Traité pratique des émaux photographiques;*

Dans cet Ouvrage, nous étudions aussi, d'une manière spéciale, une application à la céramique, qui ne diffère en rien, quant aux manipulations, de l'application précédemment décrite, mais qui est appelée à rendre de grands services aux émailleurs.

Cette application est la reproduction en or vrai, avec éclat métallique, d'une image quelconque pouvant être reportée sur émail ou sur porcelaine pour être fixée au feu de moufle. Elle servira à l'ornementation des émaux dits de Limoges.

Elle donnera la solution d'un problème que les émailleurs de profession cherchent encore, puisqu'elle permettra d'exécuter sans frais et sans travail ce que le pinceau est impuissant à produire.

Avant d'indiquer les différentes applications du procédé, nous décrirons, pour fixer les idées, la méthode opératoire sur verre.

Secrets (tours de mains, formules, palettes complètes, etc.), *à l'usage du photographe-émailleur sur plaques et sur porcelaines* 2e édition. — Paris, Gauthier-Villars, 1882. In-18 jésus ; 5 fr.

CHAPITRE II.

Liqueur sensible.

Il est important de dire, en débutant, que le résultat dépend de la préparation de la *liqueur sensible*. La formule diffère peu de celle que nous avons indiquée dans notre *Traité des émaux photographiques*.

On composera la liqueur comme il suit :

Eau ordinaire...........................	100^{cc}
Gomme en poudre........................	5^{gr}
Glucose liquide préparé................	5

On versera 100^{cc} d'eau ordinaire dans un flacon à large ouverture de 200^{gr} et on introduira 100^{gr} de trichromate d'ammoniaque dans le même flacon. Après quelques heures, l'eau sera saturée, et l'on ajoutera 15^{cc} de la solution de trichromate aux 100^{cc} du n° 1.

On filtrera ensuite au papier. La liqueur met un certain temps à passer, et le filtre ne peut servir qu'une seule fois.

On veillera à introduire de temps en temps des cristaux de trichromate dans le flacon n° 2, qui sert de réserve. Cette solution s'altère, mais sans nuire au résultat. On peut la laisser exposée à la lumière.

Nous avons conseillé dans notre *Traité pratique des émaux photographiques*, de préparer la liqueur sensible la veille, et de la rejeter quand la couleur jaune citron du liquide virait au brun. Nous avons dit encore que la liqueur devait être conservée à l'abri du jour.

Le cas n'est plus le même dans l'obtention des épreuves en or. Le liquide dont la formule précède est d'un meilleur emploi, lorsque la couleur brune s'est développée. On doit même vieillir la solution en l'exposant au jour. L'opération serait difficile si le liquide était trop sirupeux; mais ce défaut disparaît quand le liquide est préparé depuis huit ou dix jours, ou quand la lumière lui a communiqué la teinte brune. On pourrait objecter qu'il suffirait de diminuer la dose de gomme et de glucose pour obtenir immédiatement ce résultat. Ce raisonnement ne manque pas de justesse, mais, dans ce cas, il serait presque impossible d'étendre régulièrement le liquide sur la glace. La nappe coulante se diviserait en tous sens et elle ne contracterait aucune adhérence avec le verre.

Nous ne prétendons pas dire pour cela que la liqueur sensible fraîchement préparée ne fournirait pas de bonnes reproductions, surtout pour les épreuves de petites dimensions, mais le travail serait difficile et presque impossible sur de grands verres.

Ce qu'il faut éviter dans ce travail, c'est l'inégalité de la couche et surtout la poussière et les granulations qui se forment au sein du liquide.

On doit filtrer avant de commencer à préparer les glaces, et recevoir l'excédent du liquide dans un verre à part.

Préparation des glaces.

La liqueur sensible, maigre et peu sirupeuse par nature, s'étend difficilement sur les glaces. Elle a une tendance à se retirer et à laisser des places vides, surtout si les verres n'ont pas été nettoyés avec soin, ou si le polissage a été fait la veille; dans ce dernier cas, pour faciliter l'opération, on plongera les glaces dans l'eau fraîche. Un mouillage récent laisse une certaine humidité sur le verre, même bien essuyé, et facilite l'extension régulière de la couche.

On peut s'aider du doigt ou d'un pinceau propre pour forcer le liquide à s'étendre. On terminera en versant une seconde couche, qui coulera alors en nappe régulière. Mais si l'on verse consécutivement trois ou quatre couches, ce qui est sans inconvénient, pour obtenir une préparation régulière, on recevra toujours l'excédent dans un flacon à part, comme il a été dit. On filtre les parties du liquide déjà versé et repris comme excès dans le flacon qui sert à cette manipulation. La liqueur sensible ne s'évapore pas comme le collodion. On peut l'utiliser jusqu'à la dernière goutte.

Il faut se défier des bulles d'air et les chasser avec persistance du flacon qui contient la liqueur. On y arrive aisément en plaçant un flacon de 100^{gr} dans une cuvette bien nettoyée et en y versant le liquide pour faire déborder le trop-plein qui entraîne hors du flacon les bulles qui montent à la surface. Ce flacon sera toujours rempli de la même manière après la préparation de chaque glace. Nous le répétons, on ne saurait prendre trop de précaution pour éviter ces bulles d'air, qui sont on ne peut plus nuisibles à l'obtention de bonnes épreuves.

Il arrive souvent que quelques bulles se produisent en versant. Il suffit pour s'en débarrasser de souffler vigoureusement sur la surface du verre, quand l'excédent a été repris, et de les chasser ainsi vers les bords.

On essuie enfin le bas de la glace à 0^{m},01 de hauteur avec un linge souple, et l'on pose le verre par l'arête du bas (la face préparée étant tournée contre le mur) sur une feuille de buvard épais.

Les glaces doivent être séchées quelques minutes après leur préparation. On pourrait en couvrir une série si l'on disposait d'une étuve, mais, dans ce cas, il faudrait éviter tout coup de feu, et ne pas trop élever la température. Si la chaleur était trop forte, le liquide laisserait des points en forme de cercle, et ces défauts amèneraient des taches que l'on ne pourrait faire disparaître au développement. La retouche est difficile si l'épreuve doit rester sur verre.

Insolation.

En principe, et si l'on veut obtenir des épreuves brillantes, on placera le châssis-presse en plein soleil, sans s'inquiéter du temps de pose. Il faut au moins cinq minutes d'insolation, mais il n'y a aucun inconvénient à prolonger l'exposition du double et du triple.

Une insolation suffisante est nécessaire pour le succès de l'opération. L'excès de pose n'est jamais nuisible, et c'est par l'excès de pose qu'on obtient les plus belles épreuves. Voilà les idées bien fixées. C'est à dessein que nous insistons toujours sur certains points importants en décrivant un procédé, car l'expérience nous a prouvé que l'on ne donne jamais trop d'indications dans un livre. Si les répétitions sont ennuyeuses pour le lecteur, elles ne le sont jamais pour l'opérateur, qui est forcément inexpérimenté dans une application nouvelle, si adroit et si habile qu'il soit. Il est donc bien convenu que l'excès de pose est la première condition du succès et que l'emploi du photomètre n'a rien à voir avec cette méthode.

Des clichés.

Dans la préparation des images pelliculaires destinées à être reportées sur émail, on emploie une liqueur sensible analogue à celle qui nous sert, et l'on insole sur un cliché *positif*. Quoique la théorie soit absolument la même, nous devons, dans le cas présent, nous servir d'un cliché *négatif* pareil à ceux qui donnent les images sur papier. En voici la raison :

La pellicule destinée à l'émail photographique est toujours reportée sur un fond blanc d'émail ou de porcelaine. C'est le fond lui-même qui donne les clairs de l'image. La poudre noire qui constitue le dessin donne les noirs, c'est-à-dire les ombres.

Le cas n'est plus le même dans ce procédé, et la situation est inverse. Nous remplaçons ici la poudre noire par du bronze couleur d'or, et c'est ce bronze même qui donnera les clairs. En effet, l'épreuve sur verre sera couverte au dos ou directement, suivant le cas, par un vernis noir qui donnera les ombres, et, dans le report, on appliquera la pellicule sur une feuille de papier noir.

On nous comprendra mieux si nous rappelons, au sujet des épreuves en or que nous nous proposons de faire, les anciennes photographies sur verre ou les épreuves américaines (ferrotypes) remises en vigueur dans ces dernières années. Dans les deux cas, c'est le vernis noir qui fait ressortir l'épreuve.

Ce procédé donne des résultats étonnants dans la reproduction des gravures, des bas-reliefs, des monnaies, des médailles, et des sujets de genre ou de fantaisie.

Il faut, quand il s'agit du trait surtout, se servir de négatifs durs, si l'on veut obtenir de beaux effets et des lignes en or bien tranchées.

On renforcera les négatifs au bichlorure de mercure. Il est inutile d'indiquer dans cette brochure les moyens employés pour obtenir les clichés dont nous parlons.

On trouvera ces explications dans nos différents Traités et dans la plupart des ouvrages de Photographie.

Les négatifs seront ou retournés ou dans le sens vrai, suivant le cas.

Pour les épreuves irisées, qui sont les plus curieuses, le retournement est inutile. En effet, l'épreuve sur verre est vernie au dos. Elle est donc vue dans le sens vrai sur la face du verre qui a été préparée directement.

En revanche, le renversement du négatif est nécessaire si l'on se borne à produire une épreuve en or, sans coloration. Le vernis est, dans ce cas, appliqué (soit au pinceau, soit autrement) directement sur l'or qui forme le dessin, et l'image n'est visible par réflexion qu'à travers l'épaisseur du verre.

Développement de l'épreuve.

L'épreuve, nous en avons déjà prévenu l'opérateur, peut être développée en pleine lumière. Nous n'opérons jamais autrement. Le développement se fait en plusieurs fois. Il est bon, dans l'intervalle des opérations, de déposer les glaces insolées dans la partie la moins éclairée de la pièce où l'on travaille.

Quand on développe à la poudre des épreuves préparées pour l'émail, il est souvent nécessaire, surtout en été, de placer la glace à développer dans un milieu légèrement humide, afin de ramollir la couche et de lui permettre de retenir une certaine épaisseur de poudre; nous avons dit aussi qu'on pouvait, à la rigueur, souffler légèrement sur la glace pour suppléer au manque d'humidité que la couche ne trouverait pas dans l'air ambiant.

Mais nous avons ajouté qu'il fallait user de ce moyen le moins possible, pour éviter les empâtements et les voiles que ne manquerait pas de produire un opérateur peu exercé.

Ces accidents ne sont pas à craindre avec la poudre de bronze, et l'on peut souffler sur la glace pour faciliter l'adhérence de la poudre, sans craindre ces empâtements.

Il faut développer l'épreuve immédiatement après l'insolation, et, si la poudre ne se fixe pas sur le verre ou sur certaines parties du dessin, il suffira de diriger le souffle sur ces parties pour obtenir un excellent développement, qui, quoique fait par pièces, se termine par un ensemble parfait et régulier.

Le bronze se comporte autrement que les poudres onctueuses, qui sont sujettes à donner des voiles. Il s'attache à la couche ou il refuse de prendre. Celui qu'il faut employer est, du reste, moins fin que les poudres vitrifiables; il ne laisse pas de traces sur les points, ou il refuse de se fixer.

C'est précisément à cause de cette propriété que le temps de pose ne peut jamais être trop long.

Nous croyons utile de nous arrêter un instant sur une observation, ou plutôt sur un fait dont il faut se rendre compte quand on s'occupe de Photographie, surtout quand les manipulations exigent l'emploi des sels de chrome. Cette observation s'applique d'ailleurs à toute méthode photographique, quand on ne demande pas à la couche sur laquelle la lumière doit réagir une sensibilité égale à celle du collodion ou du gélatinobromure.

Sur une glace sensible au collodion ou au gélatino-bromure, l'impression est, pour ainsi dire, instantanée. On exige de la lumière un ébranlement rapide, immédiat, sur l'iodure ou sur le bromure d'argent.

Un temps de pose prolongé de quelques secondes nuirait au succès de l'opération qui n'est que commencée et qui ne sera complète que lorsque le sel d'argent ébranlé aura été complètement réduit par le fer ou par l'oxalate. Il faut tenir compte de cette double action de la lumière et du réducteur, et c'est la seconde opération qui règle le temps de pose.

L'observation exacte du temps de pose est déjà moins rigoureuse pour l'exposition d'une glace préparée au tannin. Cette glace peut être exposée à la lumière une seconde et même deux secondes sans perdre sa sensibilité; elle donnera néanmoins sous l'objectif un excellent négatif sans voile, si l'on a soin de prolonger l'exposition en plein soleil. La méthode n'est pas à recommander, mais le fait est exact. L'exagération du temps de pose n'a donc rien d'extraordinaire dans toutes les opérations où les sels de chrome sont employés comme base de sensibilisation.

Dans ce cas, l'opération n'est plus double, comme

dans la réduction des sels d'argent, et le développement n'est pas soumis au contrôle et aux caprices du réducteur : il n'y a plus de complication.

Ces considérations ne sont pas une digression oiseuse. Il s'agit de Photographie, et il est fort utile que les opérateurs, qui ne se rendent pas toujours un compte bien exact de ce qui se passe dans leurs manipulations, puissent être guidés par des règles générales capables de fixer les idées. Peut-être ceux qui emploient de longue date les produits photographiques trouveront-ils ces réflexions inutiles ; du moins, nous sommes persuadés qu'elles rendront service aux débutants, qui n'ont pas encore acquis une longue expérience des opérations souvent si délicates de la Photographie.

Nous disons donc que, en principe, le temps de pose est facultatif *en excès* quand la décomposition opérée par la lumière se fait lentement et progressivement, et que, dans bien des cas, et spécialement dans celui qui nous occupe, l'excès d'insolation ne saurait nuire, parce qu'on ne demande pas à la lumière une réaction pareille à celle qui est requise dans les procédés aux sels d'argent.

Quel est le rôle de la lumière sur la gélatine chromatée dans le procédé au charbon ? Elle doit insolubiliser la gélatine. Il en est de même dans toutes les solutions qui ont pour base la gomme, le sucre, la glucose, etc., où le sel de chrome est mêlé comme sel sensibilisateur.

Ici, tout est relatif; la matière peut être insoluble à divers degrés. Cette insolubilisation doit être réglée sur la nature du dissolvant qui est le plus commode et le plus facile à employer. C'est donc d'après la facilité du travail que l'on a dû à peu près déterminer le temps de pose, en se réglant sur le photomètre. Dans le procédé au bitume, le temps de pose est calculé d'après l'action dissolvante de l'essence de térébenthine, mais on pourrait quadrupler le temps d'exposition si l'on employait le chloroforme ou la benzine pour dépouiller l'épreuve.

Dans la méthode que nous décrivons, la couche sensible se comporte à peu près comme la gélatine étendue sur le papier au charbon. Le dissolvant ne sera pas l'eau chaude, mais l'humididité répandue dans le milieu ambiant. La couche sensible ne sera pas dissoute, il suffit que les parties non insolées se ramollissent et que celles que la lumière a touchées restent fermes, sèches et inertes.

Le but à atteindre est donc celui-ci : donner un temps de pose suffisant pour rendre certaines parties de la couche suffisamment insolubles. Ce point acquis, le développement de l'épreuve est possible. Si, par suite d'une exposition plus longue, quintuple au besoin, les parties suffisamment insolubles (comme nous l'avons dit) devenaient tout à fait insolubles, et par conséquent insensibles à l'humidité, le développement n'en serait que meilleur. Donc, nous le répétons, l'excès de pose ne peut empêcher d'aucune façon la bonne venue de l'épreuve. La seule chose à craindre serait de voir que les parties qui doivent rester aptes à prendre l'humidité, pour retenir la poudre de bronze, ne fussent complètement insolubilisées comme les autres. Mais c'est là une éventualité dont on ne devra pas se préoccuper. Il y aura toujours, et le développement le prouve, une différence très marquée de solubilité entre les points vigoureusement touchés par la lumière et ceux qui n'ont été que légèrement influencés par l'excès de pose. Il est facile de s'en rendre compte : quel qu'ait été le temps d'insolation, si l'on souffle sur la surface du verre, on verra le métal se fixer sur les parties faiblement attaquées par la lumière et glisser sans être happé sur les autres, même dans les images à demi-teintes.

Au reste, la plus légère tendance à l'humidité sera suffisante pour ce genre de reproduction. Nous n'avons pas besoin d'épaisseur dans la couche métallique.

Il est, au contraire, très difficile d'obtenir de bonnes épreuves franches d'éclat et d'irisation si le temps d'insolation n'est pas suffisant. Le dessin se brouille et se voile au développement.

Le développement se fait avec un tampon de coton que l'on aura soin de tenir à l'abri de toute trace d'humidité. On le charge de poudre de bronze et on le passe sur le côté préparé de la plaque de verre. Si le bronze glisse sans adhérer, on souffle, et la projection de l'haleine suffit pour communiquer à la couche assez d'humidité pour retenir la poudre. On passe ensuite un second tampon de coton pour débarrasser la surface du verre du bronze qui est inutile à la formation de l'image. Il ne faut pas craindre d'appuyer, car il n'y a aucun danger pour l'épreuve, et il est utile que la dernière friction soit énergique pour donner du brillant au métal et faire disparaître les aspérités qui peuvent se trouver à la surface de l'épreuve.

Élimination du sel de chrome. Retouche.

A ce moment, le travail photographique est terminé, mais l'épreuve est incomplète.

Le sel de chrome a communiqué au verre et à la couche une teinte jaune désagréable qui nuit à l'effet et qui prive la poudre d'or d'une partie de son éclat. Si le trichromate restait dans la couche, l'image perdrait de sa valeur et le bronze serait oxydé en peu de temps.

Il y a plusieurs méthodes pour éliminer le sel de chrome.

Nous n'en donnerions qu'une si nous nous adressions seulement aux lecteurs qui se borneront à opérer sur papier ou sur verre sans fixer l'épreuve au feu de moufle. Mais la partie, nous ne dirons pas la plus intéressante, mais la plus utile de ce procédé, sera l'application qui en sera faite en céramique. Cette méthode nous semble appelée à combler un vide dont se sont plaints souvent le praticien et l'industriel.

Les décorateurs sur porcelaine et les peintres verriers doivent aussi trouver dans cette brochure les indications qui leur sont nécessaires.

C'est ici le lieu de faire connaître certaines manipulations, passées sous silence dans le *Traité des émaux photographiques*, et qui nous sont très souvent demandées par les fabricants qui admettent la photographie dans leurs ateliers pour accélérer leurs travaux.

Nous savons que la méthode que nous avons développée dans le *Traité des émaux photographiques* est depuis longtemps mise en pratique dans l'industrie. Cette brochure, qui paraît sans importance et qui s'est vendue à six mille exemplaires, a rendu des services éminents. C'est ce qui nous engage à continuer et à compléter ce livre.

C'est en protégeant l'épreuve par une couche de collodion qu'on arrive à faire disparaître le sel de chrome; mais il convient, avant d'aller plus loin, d'indiquer comment on doit retoucher les épreuves en or sur verre si le cas se présente.

Ces retouches se font à l'aiguille; on se sert de

pointe pour diviser le métal. Il s'agit quelquefois de rectifier une ligne incorrecte, et l'aiguille détache aisément la poudre de la couche sensible, qui peut être attaquée même en profondeur sans accident ultérieur.

Les seules taches possibles, du reste, ne proviennent que d'un excès de poudre d'or sur certains points. Les taches affectent généralement une forme ronde, et, dans ce cas, l'opération s'exécute sans peine. Il y a plus de travail si le tampon de coton, accidentellement mouillé, a laissé des traînées humides sur la couche pendant le développement. L'or s'attache alors à ces parties, et l'épreuve, toujours très belle, se trouve partiellement défectueuse. Il est long et difficile d'enlever ces taches à la pointe, et, dans ce cas, il est préférable de recommencer l'opération, attendu que l'obtention d'une épreuve sans défaut n'exige pas un temps bien long.

Il arrive encore que certains points, peu étendus et de forme ronde, ne prennent pas l'or au développement. Il en résulte une tache noire quand l'épreuve est achevée. Cet accident provient de l'éclat d'une bulle intérieure à la couche pendant le séchage.

La liqueur sensible s'est retirée du verre sur ce point qui fait tache et l'or n'a pas trouvé la matière poisseuse pour s'y attacher.

Dans ce cas, il y aura lieu d'exécuter une

retouche assez délicate à mener à bonne fin. Il faut, avec une précaution extrême, appliquer avec la pointe d'un pinceau un peu de gomme liquide sur le point à couvrir sans en dépasser les limites exactes et saupoudrer ces parties humides.

Après la retouche, on couvre l'épreuve d'une couche du collodion dont la formule suit :

Ether	70cc
Alcool	40
Coton azotique	1

Cette formule diffère peu de celle du collodion ordinaire; mais il faut l'adopter si l'on veut être sûr de la réussite des opérations qui suivront. Nous avons voulu faire comprendre, en l'indiquant, que l'éther doit dominer. La pellicule qui résulte d'un collodion trop alcoolique manque de résistance et ne saisit pas assez vigoureusement la poudre; si l'éther domine, au contraire, la pellicule, après évaporation, reste ferme et solide, et la poudre d'or s'y attache beaucoup mieux. Ce point est à considérer surtout quand les épreuves doivent passer du verre sur le papier ou sur tout autre subjectile.

On attend que le collodion soit à peu près sec pour plonger le verre dans une cuvette pleine d'eau fraîche.

Il faut bien se garder d'ajouter un acide quelconque à cette eau de lavage si l'on n'emploie pas de l'or vrai au développement, ce qui, d'ailleurs, serait inutile. L'eau acidulée attaquerait la poudre de bronze, et le contact de l'eau ordinaire suffit parfaitement pour enlever la couleur jaune. On rince, après quelques minutes d'immersion, en faisant passer l'épreuve dans une seconde cuvette, et l'on éponge la surface du verre avec une touffe de coton, en interposant une feuille de papier buvard. On sèche ensuite le verre à l'étuve ou autrement, pour éviter l'oxydation du métal qui constitue l'épreuve.

On obtient des effets variés, sans modifier la couleur de la poudre, en opérant sur des verres teintés en rouge, en bleu, en vert, etc. Il faut choisir des colorations légères.

Vernissage.

Si l'épreuve doit rester sur le verre, on passe au verso un vernis noir ou de couleur, mais la couleur doit être toujours très foncée. C'est à ce moment que l'épreuve se montre dans tout son éclat.

Voici une excellente formule pour composer le vernis :

Encre typographique de la couleur choisie. .	100gr
Essence de térébenthine.	50
Siccatif des peintres.	10

Cette mixtion, qui n'est pas sujette à s'écailler

comme le vernis noir au bitume, protège l'épreuve, qui se trouve ainsi à l'abri de toute altération possible puisqu'elle est placée entre la feuille de verre qui permet de la voir par réflexion et la mixtion qui acquiert une grande dureté en séchant.

Nous indiquerons dans la partie céramique un autre moyen pour enlever le sel de chrome sans employer la couche de collodion et sans troubler l'image.

Ces épreuves sur verre peuvent être utilisées comme nouveauté et comme ornement par diverses industries. Le cartonnier pourra s'en servir dans la confection de ses boîtes riches; elles seront utiles au miroitier et à l'encadreur pour orner la bordure des glaces et des cadres.

Avec des négatifs de grande dimension et en opérant sur des verres doubles ou sur des glaces épaisses, ces épreuves pourront servir à la décoration des meubles, des plafonds ou des portes, et les panneaux de tout genre, pouvant être ainsi faits rapidement et à bas prix, remplaceront avantageusement les décorations exécutées au pinceau.

Le fabricant d'enseignes trouvera dans cette méthode un moyen simple de reproduire les médailles et d'orner sans frais d'exécution les plus riches lettres dorées qui lui seront demandées.

CHAPITRE III.

Transport des épreuves sur papier.

Si les épreuves en bronze doré obtenues par ce procédé ne pouvaient pas être détachées du verre, la méthode serait limitée dans ses applications. Mais on peut toujours reprendre l'épreuve pour la reporter sur papier, sur bois et sur métal.

Nous savons bien que la lithographie peut, dans quelques cas, exécuter certains travaux similaires, mais aucun procédé ne donnera, sans frais, des impressions aussi fines et d'une exécution aussi facile. Tout dessin peut être rendu par cette méthode, le trait et la demi-teinte peuvent être parfaitement reproduits.

Ajoutons qu'aucun procédé n'est plus apte à permettre la reproduction des bronzes, des pendules, des objets d'église, des médailles, etc.

Nous avons indiqué dans la nouvelle édition des *Éléments de Photographie* une autre méthode, mais elle est plus compliquée.

Si l'on veut transporter les épreuves sur papier bristol, on opérera comme dans le glaçage des cartes de photographie. Cette opération porte à tort le nom d'émaillage.

On aura soin, avant de verser la liqueur sensible, de talquer la surface du verre, en frictionnant vigoureusement le côté à préparer avec un tampon de mousseline chargé de talc; puis, quand l'épreuve sera collodionnée, lavée et séchée, comme il a été dit, on couvrira la surface du verre d'une dissolution légère de caoutchouc dans la benzine (5 ou 6gr de caoutchouc dans 100gr de liquide).

Après une demi-heure, quand la couche de caoutchouc sera sèche, on gélatinera le verre avec une dissolution chaude à 6 pour 100 et l'on appliquera immédiatement sur l'épreuve un papier noir trempé dans la même solution de gélatine. On rabattra la feuille de papier par deux des côtés seulement sur le dos de la glace et l'on chassera les bulles en pressant fortement avec la paume de la main sur le papier noir. On pourra appliquer plusieurs feuilles de papier blanc sur le premier qui a été posé, après les avoir trempées dans la gélatine; si l'on pose plusieurs feuilles, c'est la dernière qui sera rabattue en dessous du verre; les autres ne dépasseront pas la grandeur de la glace.

Bronze en poudre.

Il y a un choix à faire dans les bronzes en poudre sous le rapport de la finesse et de la qualité. Les poudres les plus fines ne sont pas celles auxquelles il faudra donner la préférence, pour l'emploi que nous voulons en faire.

Les métaux broyés, or, argent, cuivre, étain, sont d'autant plus mats qu'ils sont broyés plus fins. L'or, qui peut, pour ainsi dire, être divisé à l'infini sous la molette à cause de sa densité, perd tout son éclat quand le broyage au miel des feuilles de ce métal est poussé très loin. Il prend alors un aspect terne et terreux et il perd son éclat métallique. C'est dans cet état de division extrême qu'il est employé dans la peinture sur porcelaine. Il fournit beaucoup sous un petit volume, qu'il soit réduit par le mercure ou divisé par la porphyrisation. Il est additionné de borax en poudre ou de sous-nitrate de bismuth et délayé dans l'essence de térébenthine additionnée de quelques gouttes d'essence grasse. Le feu lui rend, dans certains cas, et suivant la préparation, une partie de son éclat, et l'on peut toujours, quand il est fixé par le feu sur la porcelaine ou sur l'émail, le rendre brillant comme le métal poli par le *brunissage*. Cette dernière opération consiste à écraser l'or sur le subjectile avec un outil en agate ou en sanguine mouillé dans l'eau de savon qui fait glisser l'outil sur le métal, sans attaquer ce dernier.

Le commerce fournit du bronze en poudre presque aussi fin que l'or dont nous parlons.

On peut l'employer pour développer les épreuves en or. Le frottement par le coton lui rend au développement une partie de son éclat. Cet éclat ne serait pas suffisant pour permettre à l'irisation dont nous allons parler de prendre tout son développement et toute la richesse de tons qu'elle est susceptible de donner.

Il faut choisir pour le développement des épreuves ce qu'on appelle dans la spécialité des bronzes en poudre le *brocart*, c'est-à-dire le métal moins divisé, plus gros de grain et par suite brillant comme le métal poli. Tous les numéros ne sont pas également bons pour l'emploi que nous recommandons. On demandera le n° 1 dans les poudres métalliques qui portent le nom de brocart, c'est-à-dire la poudre la plus fine de la série.

Certains brocarts sont trop secs, ils ne se fixent que difficilement et presque sans adhérence sur la couche sensible; mais nous aurons toujours en magasin du brocart choisi et essayé réunissant à la fois le brillant de l'or pur et la souplesse.

Nous n'avons parlé dans le développement que

de la poudre de bronze couleur d'or, mais on obtient aussi de très beaux effets avec le bronze blanc ou l'argent faux qui a l'étain pour base.

Il est assez difficile de trouver cette poudre d'un blanc assez franc, car celle que l'on vend affecte généralement un ton gris d'acier. Il ne faut pas employer les bronzes blancs qui offrent un aspect gris comme l'acier et le platine, même si l'on avait à reproduire des objets d'art fabriqués avec ces métaux.

Il y a toujours assez d'ombres dans les épreuves pour éteindre le brillant du métal.

Les bronzes verts, feu, cuivre rouge, peuvent, dans certains cas de reproduction, imiter à s'y tromper le ton naturel du type à reproduire. Ces bronzes divers adhèrent facilement à la couche sensible.

Irisation

On peut, sans modifier la manipulation, développer les couleurs sur les épreuves dorées ou argentées ou leur laisser leur ton naturel.

Ces nuances fondues, où toutes les couleurs se combinent ensemble et se fondent les unes dans les autres en se transformant sous le rayon incident, ne jettent aucun voile sur l'épreuve. L'effet obtenu est très curieux si l'on reproduit des arabesques, des scarabées ou des sujets de fantaisie.

On fait apparaître ces couleurs quand l'épreuve est terminée. Les images développées avec la poudre d'argent imitent la nacre à s'y méprendre, et l'*orient* (c'est ainsi qu'on appelle dans l'industrie les tons changeants de la nacre) s'y montre sur le fond blanc avec autant d'éclat que sur le burgos, qui est le plus beau coquillage nacré.

C'est pour obtenir une plus grande vivacité dans les couleurs que nous avons conseillé d'employer au développement un bronze de finesse moyenne.

Sur le métal trop divisé l'effet n'est plus le même; l'éclat des couleurs est affaibli.

Le tour de main qui donne ces couleurs est des plus faciles. Nous n'ignorons pas qu'un secret une fois dévoilé perd tout son prestige et n'est plus apprécié; toutefois, si nous passions celui-ci sous silence, il est probable qu'on aurait quelque peine à le trouver.

Nous préférons éviter cette recherche au lecteur, puisque nous écrivons pour son instruction. Voici donc ce qu'il devra faire :

On prépare un collodion composé comme il suit :

Alcool.	30cc
Ether.	70
Coton azotique.	$\frac{1}{3}$gr

Ce collodion doit être décanté et très pur. On collodionne l'épreuve à la manière ordinaire, et, aussitôt que le collodion a fait prise, sans attendre surtout, on immerge la glace dans l'eau fraîche où elle doit rester deux ou trois minutes. On passe ensuite l'épreuve dans une seconde cuvette pour enlever toute trace de coloration jaune. On la laisse égoutter pendant quelques secondes, et, en la posant à plat, on éponge la surface collodionnée avec un tampon de coton en interposant une feuille de papier buvard. Cette dernière opération n'est pas indispensable. On peut laisser l'épreuve sécher spontanément. Ce qu'il faut surtout éviter, c'est de la sécher au feu ou sur la flamme d'une lampe à alcool.

Nous conseillons de placer la glace dans un courant d'air pour activer l'évaporation de l'eau sur la surface de l'épreuve. Le courant d'air est l'auxiliaire le plus utile pour obtenir de belles irisations. Plus la dessiccation est rapide, plus les couleurs prismatiques sont brillantes.

Elles se montrent à mesure que la glace sèche. On ne chauffe l'épreuve que lorsque les couleurs ont apparu sur toute la surface du dessin et que la glace est bien sèche. L'effet est alors produit. Il n'y a plus aucun danger de le voir disparaître et il est important de ne laisser aucune trace d'humidité sur le verre.

Ces couleurs sont solides. Nous conservons depuis un an des épreuves qui sont exposées à l'air et à la lumière sans verre protecteur, et qui n'ont subi aucune altération. Le collodion uni à la couche forme sur l'épreuve un vernis brillant qui, une fois sec, résiste même à l'attaque de l'ongle.

Les épreuves irisées ne peuvent pas être vernies. Il serait du reste inutile de le faire. Une couche résineuse, de quelque nature qu'elle fût, ferait disparaître les couleurs.

Si on les transporte sur papier comme il a été dit, ces tons nuancés persistent.

Voici quelques explications qui ne seront pas inutiles pour bien faire comprendre la cause de l'irisation et grâce auxquelles il n'y aura plus d'insuccès possible.

Ces couleurs résultent du jeu de la lumière réfléchie par la pellicule du collodion. Les reflets ne se produiraient pas, ou du moins seraient à peine sensibles, si le collodion était versé sur une surface mate comme le papier ou le bois, fût-il même poli.

C'est à la fois la lumière renvoyée par la couche métallique, le brillant et la transparence de la pellicule très mince de collodion et une légère oxydation du métal qui concourent à la formation de cet effet singulier.

D'après cela, on peut formuler les règles que voici, et dire que le succès de l'opération dépend des quatre conditions suivantes :

1° Le collodion doit être très faible en coton et préparé avec beaucoup plus d'éther que d'alcool.

2° On se servira, pour développer, d'une poudre prise dans les grosseurs moyennes laissant des surfaces métalliques d'une certaine étendue sur la couche.

3° Aussitôt que le collodion aura été versé et se sera pris en pellicule, le verre sera plongé, sans retard, dans la cuvette d'eau fraîche.

4° Le séchage de la glace se fera, après le dernier lavage, sans chaleur, et autant que possible dans un courant d'air.

Nous avons dit que la troisième condition du succès était de plonger la glace collodionnée dans une cuvette d'eau fraîche aussitôt que le collodion avait fait prise.

Si le collodion séchait sur la glace, il n'y aurait plus d'oxydation possible du métal, qui serait à l'abri de l'oxygène de l'air sous la couche sèche et impénétrable de collodion : l'effet ne se produirait donc pas, et, si l'on tentait, pour remédier à cet accident, de couvrir la glace d'une seconde couche de collodion, la première pellicule formée empêcherait quand même le résultat cherché. En effet, ce n'est pas la pellicule seule de pyroxile qui donne lieu aux irisations. Il faut, pour la formation de ces couleurs, que la couche encore fraîche soit mouillée par l'eau qui la rend spongieuse, ce qui permet à l'air de pénétrer à travers les pores de la pellicule jusqu'au métal humide et facilement oxydable.

Mais on doit se méfier d'autre part et se gard de mettre trop vite l'épreuve à l'eau.

Une couche de pyroxile qui ne serait pas suf samment prise se troublerait au contact du liqui et le travail achevé serait perdu par trop de pr cipitation.

CHAPITRE IV.

Épreuves métalliques sur glaces étamées.

Ce procédé permet d'obtenir des épreuves qui ont le brillant de la glace étamée et qui peuvent être utiles aux miroitiers comme fond et comme bordures dans les encadrements riches. Ces épreuves, quelle que soit l'application qui en sera faite, auront, comme celles dont nous nous sommes occupés précédemment, beaucoup d'originalité.

Du reste, le procédé d'argenture est à sa place dans un livre de Photographie.

La méthode, sans être très simple, est cependant à la portée de tous.

Nous supposons d'abord que nos glaces sont étamées, ou, pour être plus corrects, argentées. Nous remplacerons l'amalgame de mercure et d'étain par un dépôt d'argent et nous donnerons une manipulation et des formules précises pour l'argenture des glaces. Nous avons nos raisons pour croire que le lecteur nous en saura gré.

La méthode a été développée dans plusieurs ouvrages de chimie, mais sans être accompagnée de formules exactes. Nous ne parlons pas des savants qui en ont eu la première idée et qui ont fait les premières expériences, attendu qu'ils ne s'en sont jamais occupés au point de vue industriel. Les fabricants, d'autre part, sont muets sur les perfectionnements qu'ils ont apportés à ce procédé.

Nous n'avons pas surpris leurs secrets, mais nous avons précisé la méthode à la demande de plusieurs lapidaires qui nous en ont chargé et qui nous demandaient des réactions sûres, précises et surtout nettement définies pour l'industrie du simili, imitation en strass du vrai diamant.

Ces faux diamants, qui ne datent que de quelques années, alimentent aujourd'hui le commerce parisien et donnent une grande impulsion aux tailleries du Jura.

Nous ne prendrons du procédé que les côtés utiles à l'application que nous voulons en faire en photographie.

Préparation de la couche sensible.

On polira de vraies glaces : les verres de premier choix s'argentent moins bien à cause des ondulations de la surface, mais cependant l'opération peut réussir sur le verre.

Ces glaces seront nettoyées comme si l'on devait les employer en photographie.

On les couvrira après les avoir argentées comme il sera dit plus loin, du vernis dont la formule suit, vernis qui diffère peu de la dissolution de bitume employée dans la gravure sur zinc.

Nous intervertissons exprès l'ordre des opérations. Nous expliquerons en détail plus loin, comme nous l'avons dit, le procédé d'argenture, et nous supposons pour l'instant que nos glaces ont reçu la pellicule brillante d'argent.

La dissolution de bitume de Judée dans la benzine sera faite dans les proportions qui suivent :

Bitume de Judée vrai. . . .	3gr
Benzine rectifiée.	100cc

Cette couche un peu faible se prête mieux aux opérations.

Une couche plus épaisse et plus longue à insoler serait sans utilité. Nous n'avons pas de gravure à faire, et cette couche sera suffisante pour résister à l'acide très dilué que nous emploierons pour attaquer et détruire certaines parties du dépôt d'argent précipité sur les glaces.

Après la dissolution du bitume et un filtrage très soigné au papier, le vernis est versé sur la face argentée des glaces.

L'opération peut être faite en pleine lumière. Le point délicat, c'est de garantir la couche de la poussière. L'excédent du vernis versé ne doit pas être recueilli dans le même flacon. Il ne peut être employé qu'après un nouveau filtrage.

Ce détail s'applique à toute opération photographique de même nature et l'on n'en tient peut-être pas assez compte, bien qu'on en fasse souvent la recommandation aux débutants.

On ne négligera pas d'éponger avec une bande de papier buvard le liquide qui coule au bas de la glace.

On recommencera deux ou trois fois la même opération à mesure que la nappe versée sur la glace s'amincit et descend sur la partie inférieure du verre.

On obtient une couche plus uniforme et le vernis sèche plus vite.

On étend la couche avec une régularité parfaite à l'aide d'une tournette (appareil indispensable dans la gravure en relief, où la régularité de la couche de bitume a beaucoup plus d'importance).

L'instrument est facile à construire : la glace est fixée sur une planchette, et l'on imprime un mouvement de rotation à l'aide d'une ficelle, comme dans le miroir aux alouettes. La force centrifuge chasse le bitume dans le sens des rayons. On est sûr alors de n'avoir aucune épaisseur sur toute l'étendue de la glace. On réussit à peu près et l'on obtient un résultat analogue en imprimant ce mouvement de rotation avec le poignet.

On laissera pendant quelques minutes au repos les glaces préparées, en les appuyant sur une feuille de papier buvard par l'arête du bas, le côté couvert faisant face au mur.

Les glaces seront ensuite séchées à la lumière jaune du laboratoire ou au demi-jour sur la flamme d'une lampe à alcool. Le chauffage, s'il est un peu vif, sera fait régulièrement sur toute la surface, car une chaleur inégalement répartie briserait le verre.

On peut préparer plusieurs verres à l'avance. La couche sensible ne s'altère pas et conserve longtemps toutes ses qualités, si elle est maintenue à l'abri de la lumière.

On insolera une demi-heure en plein soleil. A l'ombre, on s'assurera du temps nécessaire à l'oxydation du bitume à l'aide du photomètre.

Photomètre improvisé.

Nous conseillons aux praticiens l'emploi du photomètre qui nous sert dans toutes nos recherches et qui peut être fabriqué en quelques minutes.

On couvre une lame de verre de deux doubles de papier albuminé qu'il suffit de mouiller à l'eau pour qu'ils se fixent sans le secours de la gomme. Cette feuille double, peu transparente, sera difficilement pénétrée par la lumière; on superposera ensuite trois feuilles du même papier.

Le première feuille donnera le tiers en longueur des deux feuilles superposées, la deuxième les deux tiers et la troisième toute la longueur des feuilles. On aura ainsi cinq feuilles superposées. On collera sur le verre un carton percé de trois ouvertures : la première correspondra à gauche aux cinq épaisseurs de papier, et la dernière à droite sera marquée par une épaisseur de trois feuilles.

Ce photomètre sera suffisamment sensible, et une lame de papier sensibilisé sera noircie en plein soleil, pendant un laps de temps d'environ dix minutes dans la partie qui correspond à une des ouvertures.

On notera la teinte imprimée, et cette nuance

obtenue à l'ombre, dans n'importe quel temps, indiquera l'insolation nécessaire, si le développement d'une seule épreuve est bon, après un temps de pose qui donne la teinte observée sur le papier sensible.

Développement de l'épreuve.

Au sortir du châssis-presse, l'épreuve sera mise dans un bain de térébenthine rectifiée d'un demi-centimètre de profondeur de couche.

Les parties qui n'ont pas été influencées par la lumière seront dissoutes. Si l'exposition a été faite au soleil, on attendra que la glace soit refroidie avant de commencer le développement.

On lavera l'épreuve sous le jet de la fontaine du laboratoire pour dégager la surface du verre de la térébenthine et du bitume dissous : l'épreuve apparaîtra alors en lignes brillantes.

Ce n'est pas sur le côté préparé qu'il faut examiner l'épreuve, car le véritable éclat, pareil à celui d'un miroir, se trouve en dessous. Mais le dessin ne se montre pas encore, et l'on n'y voit qu'une surface argentée.

On sèche la glace et on la porte dans une cuvette de porcelaine où l'on a versé le bain suivant :

Eau.	200cc
Acide azotique.	4

Dans ce bain, la couche d'argent, dans les parties où le métal n'est pas recouvert par le bitume, est enlevée par l'acide, mais les parties que le bitume protège résistent. Ce sont ces lignes qui forment le dessin, et, si l'on retourne la glace, on aperçoit la reproduction dans tout son éclat. Cependant, elle ne sera complète qu'après le vernissage en couleurs du verso de la glace.

Décapage des surfaces à argenter.

Nous prévenons, avant d'indiquer les formules et la méthode opératoire, que, si les indications qui vont suivre ne sont pas exactement, ponctuellement suivies, comme quantité, comme durée de temps et comme manipulations, les résultats seront compromis, incomplets, défectueux ou nuls.

La réaction, en hiver, exige, pour suivre une marche régulière, un milieu chauffé à 25° environ. Une température trop froide empêche ou du moins contrarie la réduction de l'argent.

Il est toujours préférable d'argenter de vraies glaces. L'opération suit un cours plus régulier, et l'argenture est plus belle.

Nous avons déjà fait un premier nettoyage conforme à la méthode suivie en photographie. Mais cette opération préliminaire, faite au tripoli ou à la ponce, avec ou sans addition d'alcool ou d'ammoniaque, n'est pas suffisante. L'emploi de l'acide fluorhydrique, qui a été recommandé, n'est pas utile.

On reprendra les glaces pour leur faire subir le nouveau nettoyage exigé pour l'argenture, et on les laissera pendant dix minutes dans le bain suivant :

Eau.	250cc
Acide azotique.	250

Ce bain remis en flacon peut servir plusieurs fois.

Un lavage à l'eau fraîche fait séparément sur chaque glace enlèvera toute trace d'acide.

Les verres seront ensuite plongés dans le second bain alcalin dans la formule suit :

Eau.	500cc
Potasse à l'alcool.	50gr

On les retirera après quelques minutes en ayant soin d'agiter quelquefois la cuvette pendant l'immersion, et l'on rincera les glaces à grande eau, une à une, comme précédemment. On fera un dernier lavage sur l'ensemble dans une cuvette pleine d'eau distillée, et on les placera, en attendant, dans un second récipient, en repos, sous l'eau distillée. Elles ne doivent en sortir qu'au moment de l'argenture.

CHAPITRE V.

Argenture des glaces.

Il faut pour l'argenture deux cuvettes, l'une en porcelaine, l'autre en zinc, beaucoup plus grande que la première.

On choisira une cuvette en porcelaine dont le fond sera plat et sans ondulations.

Les deux cuvettes seront posées d'aplōmb sur une table et au niveau d'eau, pour donner au liquide argentifère une épaisseur de couche égale.

Il faut d'autre part ne verser dans la cuvette que la quantité de liquide utile à l'opération.

La cuvette sera de quelques centimètres plus grande en tous sens que les glaces à argenter. Les dimensions de la bassine en zinc sont indifférentes. On y versera de l'eau chaude qu'on renouvellèra en hiver pendant l'opération.

Toutes ces dispositions prises, on placera sur la table les produits préparés dès la veille, ou mieux trois ou quatre jours à l'avance. Disons cependant qu'une préparation récente n'est pas un obstacle à la réaction, et que les résultats obtenus peuvent être satisfaisants.

Il faut tenir à la portée de la main les cinq flacons que nous allons désigner par des numéros :

Flacon nº 1.

Eau distillée.	100cc
Azotate d'argent fondu. . .	10gr

Flacon nº 2.

Ammoniaque liquide.

Flacon nº 3.

Eau distillée.	500cc
Potasse à l'alcool	50gr

Flacon nº 4.

Eau distillée.

Flacon nº 5.

Sucre interverti.

Nous n'indiquons pas de quantité pour les flacons nos 2, 4 et 5. Il suffit de pouvoir puiser dans le numéro 2 la quantité d'ammoniaque qui sera indiquée; il en est de même pour les flacons contenant l'eau distillée et le sucre interverti.

Nous avons dit que le flacon nº 1 contenait :

Eau distillée.	100cc
Azotate d'argent fondu. . .	10gr

La solution d'argent doit être modifiée et transformée comme nous allons l'indiquer. On reprendra le produit dans le même flacon qui conservera son numéro.

Le nitrate d'argent fondu ou cristallisé doit être transformé en ammoniure d'argent pour être plus facilement réduit par la potasse sous l'action du sucre interverti.

On fera donc dissoudre les 10^{gr} de nitrate dans 20^{cc} d'eau distillée, plus ou moins, et l'on versera goutte à goutte, après la dissolution du sel, de l'ammoniaque liquide dans le flacon.

Le liquide limpide se troublera et prendra une teinte grise et boueuse. On continuera à verser l'ammoniaque toujours goutte à goutte, en ayant soin d'agiter constamment le flacon, qui s'échauffera sous la réaction.

On arrêtera l'addition d'ammoniaque au moment où le liquide aura une tendance à redevenir limpide et transparent.

Un excès d'ammoniaque s'opposerait à la réduction de l'argent.

Si l'on avait par hasard versé d'une main trop lourde plus d'ammoniaque qu'il n'en faut pour rendre la limpidité au bain, on introduirait dans le flacon quelques fragments de nitrate et l'on attendrait qu'ils fussent dissous. Si aucun trouble ne se produit au sein du liquide, l'addition du sel d'argent n'est pas suffisante, on ajoute encore quelques parcelles d'argent et on continue jusqu'au moment où le liquide tend à redevenir trouble. On l'éclaircit alors avec une ou deux gouttes d'ammoniaque.

Ce bain, comme on le voit, doit être à l'état neutre sans excès d'acide ni d'alcali, et il faut absolument l'amener à cet état précis si l'on veut réussir l'opération de l'argenture. Tout le succès dépend de l'état de ce bain.

L'argent y est pour ainsi dire en équilibre de réaction. Cet équilibre sera rompu par une légère addition de potasse et de sucre interverti.

Les opérations n'auraient plus de régularité en dehors de ces conditions, et il serait inutile pendant le travail de chercher à rétablir ce premier équilibre par l'addition d'un peu d'acide tartrique ou d'ammoniaque, et de le rompre ensuite, pour faciliter la réduction, par un excès d'alcali.

Sucre interverti.

Sans entrer dans des détails inutiles et qui nous entraîneraient hors de notre sujet, nous expliquerons en quelques mots ce qu'on entend par sucre interverti.

Le sucre cristallisable est le sucre ordinaire du commerce, et le sucre interverti la glucose ou sucre de raisin, de fécule, etc.

Si l'on fait dissoudre dans l'eau le sucre en pain, du commerce, ce sucre, après l'évaporation de l'eau, reprend sa forme cristalline; mais si l'on ajoute à l'eau un acide quelconque à 100°, le sucre, quand le liquide sera évaporé, refusera de se reprendre en cristaux. Il aura été transformé en glucose ou sucre interverti, ou levigyre.

On consultera un traité de chimie, si l'on veut d'autres explications et si l'on est désireux de savoir ce que l'on entend par pouvoir rotatoire et comment l'analyse du sucre peut être faite par le saccharimètre qui constate l'interversion.

Préparation du sucre interverti.

On a donné une série de méthodes pour intervertir le sucre. Celle que nous donnons suffit pour nous faire obtenir les résultats que nous cherchons.

Eau distillée	250cc
Sucre candi	25gr
Acide tartrique.	3

On placera sur un fourneau un vase de porcelaine allant au feu. Les vases en terre sont promptement attaqués par l'acide tartrique, et il serait en outre à craindre que l'oxyde de plomb, qui est la base de la glaçure dans les poteries communes, ne fût dissous par l'acide et n'amenât des troubles dans la réaction qui est très délicate.

Les 250cc d'eau indiqués par le dosage ci-dessus seront versés dans le poêlon en porcelaine ; on ajoutera le sucre candi et l'acide tartrique. Bien que tous les sucres, sans exception, soient réducteurs de l'argent, on choisira le sucre blanc, c'est-à-dire le sucre de première cristallisation, et l'on évitera d'employer les sucres dont les cristaux sont colorés en jaune.

Le vase sera retiré du feu après un bouillon d'une demi-heure, ce temps étant suffisant pour l'interversion. On ajoutera au liquide refroidi et réduit par l'ébullition 250cc d'eau distillée et 50cc d'alcool rectifié à 40°, et l'on filtrera au papier. Toutes les solutions doivent être filtrées et jamais à travers la même feuille de papier.

On aura donc devant soi, sur la table près de la cuvette, les cinq flacons rangés dans l'ordre suivant :

N° 1. Ammoniure d'argent.
N° 2. Ammoniaque liquide.
N° 3. Solution de potasse caustique.
N° 4. Eau distillée.
N° 5. Sucre interverti.

Les produits seront mêlés ensemble dans les proportions ci-après, mais au moment même, et nous serons plus exact en disant à la seconde même de l'emploi.

Il faut se hâter en faisant ce mélange. Le produit résultant se décompose immédiatement. La réaction ne doit pas commencer dans l'éprouvette où les produits sont mis en contact, mais sur la glace à argenter.

On mesure exactement dans une petite éprouvette cylindrique de 50^{gr} et l'on verse *dans l'ordre indiqué* (ce point est important) :

Ammoniure d'argent. . . .	12^{cc}
Ammoniaque liquide. . . .	8
Potasse	20
Eau distillée.	60
Sucre interverti	10

dans une grande éprouvette de 150^{gr}.

On facilite le mélange à l'aide d'un agitateur en verre.

Le liquide argentifère se colore immédiatement et ne tarde pas à se troubler par suite de la réduction de l'argent. Il se comporte comme l'azotate d'argent en présence de l'alcali dans la préparation de l'ammoniure.

Il faut se hâter de verser le contenu de l'éprouvette dans la cuvette où nous avons placé la glace à argenter. Il est très important que la réaction commence sur la glace elle-même.

Disposition de la glace dans la cuvette

La glace, au sortir de l'eau distillée, sera portée dans la petite cuvette mise de niveau où elle doit recevoir la pellicule d'argent qui la transformera en miroir.

Nous nous servons du mot miroir pour qu'il n'y ait pas de confusion dans les idées. En photographie, les mots glace, verre, désignent ordinairement les subjectiles qui reçoivent la gélatine et le collodion.

On remplit donc d'eau chaude la grande bassine en zinc, si on ne l'a pas déjà fait : l'eau doit s'élever au tiers de la hauteur des bords de la cuvette où le liquide argentifère sera versé.

Mais cette cuvette doit recevoir à l'avance une certaine disposition :

On coupe dans une feuille de gutta-percha de trois ou quatre millimètres d'épaisseur quatre carrés d'un demi-centimètre de côté.

On les ramollit légèrement et sans les déformer au bout d'une pointe sur la flamme d'une lampe à alcool, et on les fixe aux quatre angles de la cuvette. Ils jouent le rôle des coins en verre dans le châssis de la chambre noire.

C'est sur ces supports, qui doivent être de même hauteur, qu'on pose la glace qui ne doit pas toucher au fond.

Nous avons donné de trois à quatre millimètres d'épaisseur au plus à la gutta-percha pour économiser le bain argentifère. On ne doit verser dans la cuvette que la partie utile.

Il faut, avant de commencer, se rendre compte

de la quantité de bain nécessaire pour couvrir la cuvette à argenter avec une hauteur de couche s'élevant juste jusqu'au milieu de l'épaisseur de la glace à argenter ; la quantité des solutions mélangées qui serait en plus, resterait sans usage et serait perdue, puisque la décomposition des produits, c'est-à-dire la réduction de l'argent, est immédiate.

On fait donc une première expérience avec une glace de moyenne épaisseur et avec de l'eau ordinaire; puis, en reprenant l'eau versée dans une éprouvette graduée, on note la quantité de liquide argentifère nécessaire et on ne mêle les cinq solutions, dans les proportions indiquées, qu'en rapport avec la quantité de liquide à employer pour argenter la glace.

Le dépôt d'argent métallique commence presque immédiatement. Des parcelles brillantes flottent sur le bain. Elles se rapprochent peu à peu, et, après un quart d'heure, une pellicule d'argent très brillante se forme entre les bords de la glace et de la cuvette.

Cette pellicule d'argent sans solution de continuité indique que l'opération est terminée et que la réduction du métal est complète. S'il n'y avait pas de résultat au bout de vingt minutes, on en conclurait que les mélanges de liquides ont été faits en dehors des indications précises que nous avons données. Il est à peu près certain que l'ammoniaque aurait été mis en trop grande quantité dans la préparation de l'ammoniure d'argent; il ne faut pas oublier que la mauvaise préparation de ce bain est la cause de tous les accidents qui peuvent survenir.

Après ce premier dépôt d'argent, on relève la glace, puisque le dépôt se fait en dessous, et l'on voit au revers du verre une couche métallique blanche et nacrée pareille au métal fixé sur le cuivre qui sort d'un bain d'hydroplastie.

On a, du reste, observé pendant la réduction, sur la face de la glace opposée à celle où l'argent se porte, qu'une pellicule brillante envahit peu à peu le verre, qu'elle transforme en miroir après le temps indiqué pour la durée de la réaction.

Un seul dépôt suffirait au besoin, mais la pellicule trop mince n'est pas assez solide.

On recommence deux ou trois fois la même opération pour donner plus d'épaisseur au dépôt métallique, et l'on peut alors sans danger en polir la surface.

Il est vrai que nous n'avons pas besoin d'une grande solidité pour nos épreuves qui seront garanties contre tout accident par une couche de vernis. Mais les glaces argentées sont employées à d'autres usages, même en photographie. Elles servent de miroir pour renvoyer le rayon solaire quand on veut renverser le négatif à l'aide du prisme, il est donc utile de connaître le procédé de fabrication.

Comme ces opérations sont délicates et devront être répétées plusieurs fois, on se munira de deux cuvettes à argenter.

Après le premier dépôt, la glace sera retirée du bain réducteur pour être portée (après avoir été passée à l'eau fraîche) dans une cuvette disposée à l'avance et pleine d'eau distillée. Le contact prolongé de l'air oxyderait le premier dépôt d'argent et rendrait les autres impossibles.

On préparera donc un second mélange de produits, et, après avoir retiré la glace de l'eau distillée pour la mettre en place, on recommencera l'opération dans les mêmes conditions et avec les mêmes soins.

Nous avons dit plus haut que trois couches suffisaient. Si les glaces étaient destinées aux instruments d'optique, on en polirait la surface à sec en projetant sur une brosse très souple (pareille aux brosses douces dont les coiffeurs se servent pour enlever la poudre de riz) de la craie levigée écrasée et en promenant la brosse sur la face argentée.

Le dépôt, qui est très lisse, prendrait aussitôt l'éclat métallique et le poli de l'argent bruni.

C'est sur cette face qu'on a fait agir le bain d'acide azotique et que nous verserons le vernis pour protéger l'épreuve.

On composera ce vernis en délayant de l'encre typographique noire, marron ou rouge, et on l'appliquera au pinceau sur la couche de bitume. C'est ce vernis qui complétera l'épreuve et qui donnera les noirs et les ombres au dessin, qui se détachera alors sur le fond sombre avec les reflets vifs d'un miroir.

CHAPITRE VI.

Application à la céramique de la méthode par poudrage.

Le procédé que nous expliquons dans cette brochure n'est pas limité aux applications dont nous avons entretenu le lecteur jusqu'à présent : les épreuves développées à l'or fin peuvent être fixées par le feu sur le verre, l'émail et la porcelaine.

Le procédé acquiert dès lors plus d'importance, et l'industrie peut y trouver un auxiliaire puissant pour la décoration des vitraux, de l'émail de Limoges et de la céramique en général.

Il ne serait pas possible de faire en un jour, par les moyens ordinaires et en usage, ce qu'un opérateur photographe peut produire en quelques minutes, avec un délié de lignes et de traits dont le pinceau le plus habile et le plus exercé ne saurait approcher. Malheureusement, la routine se traîne toujours dans son chemin creux, qui ne lui permet pas de voir à côté une route parallèle plus belle et plus commode; ce n'est que bien tard qu'elle se décide à accepter les idées nouvelles qui dorment stériles dans les livres d'où elles ne sortent que par hasard, quand un industriel intelligent, pressé par les demandes et talonné par les tarifs réduits qu'impose la concurrence étrangère, se voit forcé à recourir à des moyens expéditifs qui manquent à son industrie.

La main-d'œuvre devient de jour en jour plus coûteuse. La grande industrie a créé une prodigieuse quantité de machines de toute espèce pour supprimer, dans les bornes du possible, les travaux faits à la main.

Pourquoi l'industrie plus élevée, qui touche à l'art de très près, n'aurait-elle pas recours aux procédés plus ou moins scientifiques qui peuvent simplifier et amoindrir les difficultés qui l'arrêtent?

Nous mettons à part la question artistique. Toute production photographique, si belle qu'elle soit, ne vaut pas un simple coup de crayon de l'artiste, la question n'est pas à discuter. Mais, en face de l'atelier de l'artiste, se dresse celui de l'industriel, qui a pour mission de reproduire à profusion, et surtout à bon marché, les créations sorties du premier.

Le point principal pour le décorateur, c'est de bien faire et de livrer à bas prix.

Avec les moyens employés, c'est-à-dire avec le pinceau, le problème n'est pas d'une solution facile. On n'y arrive que par la voie commode des procédés qui ont comme premier avantage l'économie du temps.

Malheureusement, ces méthodes expéditives ne sont pas assez connues ni assez appréciées.

On se défie de ce qui est nouveau, de ce qui n'a pas reçu le baptême de la routine, et c'est pourtant le contraire qui devrait se produire.

On suppose, ce qui est plus malheureux encore, qu'un procédé, si simple qu'il soit, doit réussir du premier coup, et que la première expérience faite par n'importe qui, dans n'importe quelles conditions, doit amener par ordre, le jour même, à la minute dite, les résultats qui sont annoncés et constatés par celui qui a eu la patience de les chercher et de les faire connaître.

C'est une erreur : il s'ensuit que celui qui tente un essai s'arrête au premier échec, bien qu'il soit raisonnable de s'attendre à un échec partiel ou complet dans les premières expériences que l'on tente. Une arme à feu n'atteint pas le but si vous visez mal, c'est logique, et l'on aurait tort d'en tirer des conclusions contre l'arme et contre le procédé. On demande dans les métiers les plus ordinaires deux ans à un apprenti pour qu'il ait la main faite. Pourquoi donc exiger que la vôtre, exercée à d'autres travaux, mais qui est inhabile à une application nouvelle, puisse instantanément, sans exercices préliminaires, se rendre maîtresse du premier coup de certaines manipulations, fort simples il est vrai, mais souvent minutieuses et délicates.

C'est pour ces raisons que les procédés pénètrent lentement et difficilement dans l'industrie.

Il est vrai de dire cependant qu'il se trouve quelquefois un homme intelligent qui comprend la portée de ce qu'il lit dans le livre que le hasard lui a mis sous la main et qui en tire un grand parti sans souffler mot, sans s'inquiéter d'entendre ses concurrents proclamer qu'il gâte les prix.

Il arrive encore, et c'est le pire côté des procédés nouveaux, que les idées développées dans une brochure sont comprises par des hommes intelligents qui n'ont ni atelier ni clientèle, ni les fonds suffisants, et qui se lancent dans une entreprise industrielle sans se préoccuper des obstacles. Ils oublient que la production ne suffit pas, mais qu'il faut avant tout être assuré du placement des produits fabriqués. L'insuccès jette dès le début un discrédit complet sur une méthode qui aurait pris de grands développement dans des circonstances différentes.

Mais revenons à nos épreuves et voyons comment on peut en tirer parti dans la céramique.

Nous avons expliqué dans notre *Traité des émaux photographiques* une méthode qui se rapproche beaucoup de celle qui nous occupe. Mais nous n'avons rien dit à l'endroit de la porcelaine et du vitrail et nous allons en quelques mots combler cette lacune.

Le développement aux poudres donne lieu en céramique à quatre applications :

1° Le report de l'épreuve sur émail blanc dont il ne sera pas question ici ;

2° Le développement sur verre sans transport pour les vitraux ;

3° Le report sur porcelaine ;

4° Le report sur émail noir, ou mieux sur fond noir.

Chacune de ces applications, quoique dérivant de la même méthode, exige des manipulations particulières. Nous allons ajouter ce qui a été omis dans le Traité que nous avons déjà publié sur l'émail.

Développement sur verre quand l'épreuve doit être vitrifiée. — Vitraux.

Il faut renoncer à la couche de collodion pour enlever le sel de chrome si les épreuves sont destinées à être vitrifiées sur le subjectile même où elles ont été développées.

Un fait connu de tous les praticiens au courant des manipulations, c'est que l'image transportée au moyen de la pellicule sur la plaque d'émail ne résiste pas au feu si le collodion sur lequel la poudre adhère ne porte pas directement sur la plaque.

Si c'est la poudre même qui est directement en contact avec le subjectile, on ne peut fixer l'épreuve au feu qu'après avoir détruit le collodion par l'acide sulfurique; si le collodion est en dessous, le feu le détruit instantanément sans troubler l'épreuve; s'il est en dessus, l'épreuve est détruite et perdue au moment où la plaque d'émail est introduite dans la moufle.

Il est donc nécessaire, si nous voulons faire des vitraux et fondre les épreuves sur le verre même où elles ont été formées, de supprimer l'emploi du collodion qui est nécessairement en dessus et de trouver un autre moyen pour enlever le sel de chrôme qui est un obstacle à la vitrification et qui communique au verre un ton désagréable.

On préparera le bain suivant :

Alcool à 36°	1000cc
Borax fondu.	20gr
Eau	250cc

Le borax sera dissous à l'eau chaude et on filtrera la solution; on ajoutera ensuite l'alcool.

On n'emploiera pas le borax cristallisé ni l'acide borique, mais le borax fondu dont les morceaux affectent la forme de fragments de glace brisée : la dissolution dans l'eau se fait lentement et difficilement, mais il n'est pas nécessaire que la solution soit concentrée. Il faut toujours avoir cette prépara-

6

tion sous la main et en assez grande quantité. La meilleure méthode pour ne pas en manquer, c'est d'introduire 50^{gr} de ce produit dans un flacon de quatre ou cinq litres et de laisser la dissolution se faire à l'eau froide. C'est une réserve où l'on puise au fur et à mesure des besoins.

Les épreuves, aussitôt après le développement et sans être recouvertes de la couche de collodion, seront chauffées. Le verre sera ensuite plongé dans une cuvette où l'on aura versé cinq ou six centimètres en épaisseur de couche de ce bain.

Le borax a la propriété de coaguler la gomme et la glucose dont la couche sensible est formée; le liquide entraînera la couche jaune. La gomme et la glucose sont du reste peu solubles dans l'alcool, l'eau qui entre dans la composition du bain suffira pour ramollir légèrement la couche sans apporter aucun trouble dans l'épreuve.

Le borax aura, de plus, l'avantage de fournir un fondant très fusible pour faciliter la fusion de l'image et pour la fixer sur le verre à la température modérée des fours destinés à la vitrification des couleurs sur verre. Il ne faut pas oublier que le verre ne doit être que ramolli et que c'est la couleur ou l'or qui, à l'aide des fondants, doit se fixer avant que la feuille de verre ne soit déformée.

Au sortir du bain, quand la coloration jaune a disparu, les épreuves sont séchées et ensuite mises au four. On peut les placer à plat, mais il faut qu'elles posent sur un lit de plâtre fin et bien séché au préalable. Cette couche de sulfate de chaux n'intervient que pour empêcher le verre de se coller sur les dalles de laves ou sur les plaques en terre réfractaire qui servent de support aux feuilles de verre pendant la vitrification. Il suffit pour les petites épreuves de passer au pinceau une couche de blanc d'Espagne délayé à l'eau sur le support.

On n'oubliera pas que, dans la décoration du verre, les poudres qui servent à développer doivent être beaucoup plus fusibles que celles qu'on emploie pour l'émail et pour la porcelaine.

Cette méthode ne serait pas applicable à la décoration des cristaux.

Les formes variées des objets ne permettraient pas de préparer directement les pièces : il faudra donc, dans ce cas, que les épreuves en or ou en couleurs soient faites d'abord sur un verre plat; elles seront ensuite reportées sur les pièces à décorer en renversant la pellicule.

Le report de la pellicule ne présente pas de difficulté quand les épreuves sont de dimensions restreintes, mais cette opération devient très délicate dans le transport des grandes épreuves, et c'est pour cette raison qu'il était utile d'indiquer une méthode facile pour l'application du procédé aux vitraux.

Si l'on ne veut pas exploiter le procédé et si

l'on n'y met la main que pour faire quelques épreuves en amateur, on réussira tout aussi bien en reportant l'épreuve du verre où elle a été développée sur la feuille de verre où elle doit être fixée définitivement, en appliquant le collodion lui-même sur le subjectile, comme il a été dit. Pour éviter tout accident de feu et tout soulèvement partiel, on protégera la pellicule quand elle sera bien sèche par le vernis suivant qui sera détruit par le feu sans trouble pour l'épreuve et qui devra sécher sur le verre avant que ce dernier ne soit introduit dans le four :

Essence de térébenthine. . . .	100cc
Essence grasse de térébenthine.	2cc

On verse la mixtion comme le collodion. La couche est presque sans épaisseur, mais elle bride suffisamment la pellicule sur la feuille de verre pour empêcher les accidents dont nous avons parlé.

Nous conseillons aux amateurs qui s'occupent de vitraux de porter leurs épreuves chez les bombeurs de verre ; on n'attend pas dans ces maisons, l'opération s'y fait séance tenante, en quelques minutes ; le prix demandé par épreuve est insignifiant, et la vitrification de l'image est toujours sûre.

Il n'en est pas de même chez les fabricants de vitraux. Leurs fours sont trop peu chauffés à notre point de vue et n'offrent pas un degré de température assez élevé pour fondre les poudres appliquées au blaireau, la couche étant peu épaisse, et le fondant ayant disparu en partie par suite des lavages.

La fusion se ferait toujours dans de bonnes conditions, sans déformer le verre, si l'on avait soi-même un four à sa disposition et partant la facilité d'en élever la température de quelques degrés en plus.

Nous dirons quelques mots en passant d'un autre procédé applicable aux vitraux et dont l'industrie peut tirer un grand parti; il est vrai qu'il ne rend pas les demi-teintes et qu'il ne peut dès lors être utilisé que pour la reproduction des dessins aux traits, mais ce détail n'a pas une grande importance dans l'application. Les dessins ainsi obtenus sont repris après coup et on applique les couleurs au pinceau.

Cette méthode est excellente pour l'industriel qui veut multiplier les copies à bon marché.

Nous passerons sur les préliminaires en renvoyant le lecteur aux ouvrages de gravures photographiques et nous ne dirons ici que le strict nécessaire.

Nous supposons donc l'opérateur au courant de la zincographie; nous admettons qu'il sait qu'une couche de bitume versée sur une feuille de zinc mince et bien décapée donne, après l'insolation sous un cliché, après le dépouillement de l'image dans l'essence de térébenthine, une épreuve qui peut être encrée comme une pierre lithographique et fournir par conséquent une longue série de reproductions.

Dans le cas présent, ce n'est pas de l'encre lithographique qu'on passe au rouleau sur la feuille de zinc, mais du vernis lithographique ordinaire auquel on a soin de mêler un peu de mordant, qui est un vernis spécial très happant, composé de caoutchouc et de vernis lithographique ordinaire. On colore légèrement la mixtion sur la table à encrer, assez cependant pour juger chaque épreuve au tirage. Il faut éviter de se servir de noir pour teinter le vernis. La couleur rouge est préférable. Ce que l'opérateur doit faire est une espèce de décalcomanie, nous le disons tout d'abord pour fixer les idées.

Il s'agit, en effet, de tirer les épreuves sur la planche de zinc, mais de faire ce tirage sur un papier spécial dont la préparation suivra, et de reporter ces épreuves sur la feuille de verre où le trait formé par le vernis se fixera. On mouillera après la feuille au dos avec une éponge, et, après l'avoir détachée, on saupoudrera le dessin avec les poudres vitrifiables de la couleur qu'on aura choisie ; il ne restera plus alors qu'à passer les épreuves au feu pour avoir des vitraux.

Il est difficile, quand on écrit pour l'industrie, de se cantonner dans son sujet sans jamais en sortir. Tout s'enchaîne en photographie, et les procédés sont si intimement liés les uns aux autres qu'on est forcé de se permettre quelques digressions, tantôt pour éveiller l'attention du praticien sur une manipulation utile, mais un peu à côté du sujet, tantôt pour le mettre en garde contre des idées fausses bien que paraissant exactes et possibles à celui qui n'a pas été détrompé par les expériences préalables.

On nous a écrit souvent, surtout dans ces derniers temps, pour nous demander si l'on ne pouvait pas transporter sur verre ou sur porcelaine les épreuves données par la phototypie, mais tirées avec des encres préparées avec des couleurs vitrifiables.

Les industriels qui nous ont adressé ces questions y sont d'autant plus autorisés, qu'une opération analogue est pratiquée tous les jours dans leur fabrique.

On sait, en effet, que la décoration de la porcelaine se fait industriellement aujourd'hui, et sur une grande échelle, par le report d'épreuves vitrifiables tirées sur des planches gravées en taille douce.

Nous ferons remarquer que les conditions de travail ne sont pas les mêmes.

L'encre vitrifiable, pénétrant dans les creux d'une planche en cuivre gravée au burin, s'y loge avec une épaisseur suffisante pour donner une grande vigueur aux lignes qui sont reportées sur porcelaine à l'aide du papier.

Il faut remarquer en outre que le métal sur lequel on opère présente une surface sèche au papier spécial sur lequel le tirage se fait. Ce papier spécial, qui est la cheville ouvrière du report, est précisément un obstacle à l'impression sur gélatine. La planche gélatinée n'offre pas, comme le cuivre gravé, une surface sèche, et la couche phototypique ne peut tirer qu'autant qu'elle est humide, et le papier spécial se dédouble en quelque sorte. La partie qui devrait enlever l'encre reste collée sur la gélatine; le tirage devient impossible.

Outre cette difficulté, il s'en présente deux autres. C'est d'abord le peu d'épaisseur de la couche formée par l'encre vitrifiable que le papier enlève par suite du coup de presse de la surface gélatinée.

Dans une planche en taille douce, l'encre vitrifiable, avons-nous dit, entre en épaisseur dans les traits creusés par le burin ou l'acide, et ces creux restituent au papier toute l'encre qu'ils ont reçue. Le feu ne peut pas affaiblir sensiblement ce dessin reporté où le trait est en épaisseur et en tout pareil à celui que le pinceau laisse sur la porcelaine. L'épreuve dans ce cas sort de la moufle vigoureuse et brillante.

Mais si nous tournons les difficultés qui naissent de l'emploi du papier employé pour le report des épreuves, et nous le ferons plus loin, l'image n'emportera pas pour cela la couleur nécessaire pour donner une image vigoureuse sur porcelaine.

On peut, sans doute, renforcer cette épreuve au pinceau et ne la considérer que comme un travail à moitié fini, comme un décalque utile au peintre; mais alors il n'y a pas de temps de gagné, et l'industrie est en droit de rejeter le procédé.

Ce défaut de profondeur de la matière colorante se fait également sentir dans la reproduction de la gravure par la phototypie. On obtient la perfection et la netteté du trait et de l'ensemble, mais la reproduction, quoique pouvant satisfaire l'œil à première inspection, ne rend qu'imparfaitement le type.

Une bonne reproduction de gravure tirée sur gélatine ne vaut pas mieux qu'une mauvaise épreuve en taille douce tirée sur une planche usée. C'est le cas du moins dans le procédé sur glace.

Cette observation ne porte à tous les points de vue que sur le tirage phototypique. On peut toujours, par la méthode au bitume ou par la photogravure, obtenir de bonnes planches capables de donner de belles épreuves en taille-douce sur papier qui pourront fournir des épreuves appropriées aux reports sur porcelaine.

On se rendra compte de la préparation du papier pour les reports sur vitraux et sur porcelaine en examinant ce qui est en usage dans la lithographie ordinaire.

On passe au pinceau une couche de colle d'amidon sur un papier légèrement spongieux, et on imprime sur le côté qui a reçu cette préparation le dessin qu'on veut reporter d'une pierre sur une autre.

L'encre ne porte pas directement sur le tissu du papier, mais sur l'encollage.

Après l'impression, on mouille légèrement le dos du papier, et l'encre et l'encollage restent fixés sur la seconde pierre quand on soulève la feuille.

On prend, pour le cas présent, un papier lisse et résistant quoique peu épais; on couvre une des faces avec une solution peu épaisse de gomme arabique dissoute dans l'eau, et quand cette première couche est sèche, on recouvre la surface gommée d'un second encollage formé d'une bouillie assez épaisse d'amidon, d'arrowroot ou de tapioca. On peut dans tous les cas, mais surtout si les tirages avec l'encre vitrifiable sont de la veille, préparer la surface du verre ou de la porcelaine en la frictionnant avec la mixtion suivante qui servira de point d'attache si l'encre est un peu sèche.

Essence de térébenthine	100gr
Essence grasse ou térébenthine de Venise.	5gr
Cire vierge.	2

On laisse fondre les produits sur un feu doux pour les mêler intimement, et on conserve cette préparation pour l'usage. Il faut laisser à la térébenthine le temps de s'évaporer avant de faire le report.

CHAPITRE VII.

Report sur porcelaine des épreuves obtenues par développement.

La plupart des opérateurs échouent dans les essais qu'ils tentent pour décorer la porcelaine en utilisant les procédés rapides fournis par la photographie. Nous donnous ici réponse aux demandes qui nous sont adressées chaque jour, demandes auxquelles nous n'avons pu satisfaire dans notre *Traité des émaux photographiques.*

Les résultats obtenus sont presque toujours négatifs par défaut de glaçure. Le brillant n'est pas utile dans les vitraux, mais l'épreuve sur porcelaine ne saurait s'en passer.

On remarquera d'abord que les épreuves reportées sur émail et sur faïence glacent toujours au feu de moufle.

La pâte qui recouvre le cuivre dans l'émail et la couche blanche et brillante qui enveloppe la pièce en faïence ne sont le plus souvent qu'un composé stannifaire ou plombifère et rarement un émail silexé.

Cette combinaison d'un oxyde d'étain ou de plomb et d'un fondant approprié très fusible forme sur les pièces une enveloppe qui se ramollit et fond au feu de moufle entre 400° et 700° C.

Les dessins qu'on reporte sur l'émail ou sur les vases ainsi couverts pénètrent facilement cette couche, et, en se combinant avec elles, sortent de moufle avec un beau glacé.

Ce n'est donc pas le fondant, mêlé aux oxydes qui servent au développement, qui donne le brillant; il y contribue cependant en partie. La glaçure ne vient que de l'extrême fusibilité du subjectile.

Ainsi donc, tout report photographique sortira brillant de la moufle quand la pièce à décorer aura été couverte en fabrique d'une enveloppe brillante et très fusible, c'est-à-dire d'un émail composé d'oxyde, d'étain, de plomb ou d'arsenic.

Ce n'est pas, on le comprend, pour les fabricants ni pour les chimistes que ces explications sont données, mais pour les décorateurs sur porcelaine, qui sont très souvent arrêtés par des difficultés inextricables dans l'application de la méthode que nous développons.

Si les reports photographiques ne glacent pas sur porcelaine à la température des fours de décorateurs dont la température varie entre 600° et 800°, c'est que l'émail de la porcelaine de Sèvres, de Limoges et de la porcelaine anglaise, qui est un émail dur, silexé, n'a pris son brillant qu'au grand feu. La fusion de la silice qui compose la couverture s'est effectuée entre 1000° et 1200°.

La chaleur relativement modérée des fours qui servent aux décorateurs n'est pas suffisante pour ramollir le vernis d'origine, et, l'épreuve ne pénétrant pas dans la couche, la vitrification est toujours incomplète.

Les peintres sur porcelaine pourraient nous opposer un fait qui semble nous contredire.

En effet, les couleurs vitrifiables qu'ils emploient ne supportent pas un degré de chaleur plus élevé que le rouge cerise prononcé qui représente, avons-nous dit, 700°, et qu'on appelle feu de moufle, et cependant les peintures sont miroitantes et glacées au démouflage.

Il est donc probable, supposent-ils, que, si les couleurs que nous préparons pour le développement étaient tout aussi fusibles que les leurs, le résultat devrait être le même et la glaçure pareille dans les deux systèmes.

Ce raisonnement porte à faux, attendu que les deux épreuves ne sont pas mises au feu dans les mêmes conditions.

Nous ajouterons que les poudres de développement sont beaucoup plus fusibles que les couleurs de peinture ordinaire.

Si elles ne glacent pas à la température normale des feux de moufle, c'est qu'elles ne sont pas non plus mises au feu dans des conditions normales, ce dont les opérateurs doivent prendre note.

Nous l'avons déjà dit en parlant des vitraux, mais nous croyons qu'il n'est pas inutile d'insister.

En expliquant en quelques mots la composition des poudres vitrifiables développée au long dans le *Traité des émaux photographiques* [1], nous éviterons aux praticiens peu versés en chimie des tâtonnements inutiles et des expériences qui n'aboutiraient à rien. Ils comprendront qu'il ne suffit pas d'avoir des fondants très fusibles et qu'il est inutile d'en chercher, la difficulté ne provenant pas de la nature du fondant.

Prenons comme moyen d'explication une couleur quelconque à l'eau.

Si on délaie du carmin pour peindre une aquarelle, la couleur a pour principe le carmin et l'eau pour dissolvant.

L'eau n'intervient que pour faciliter l'extension de la couche colorante. Si le carmin est délayé en quantité dans peu d'eau, la teinte laissée sur le papier sera vigoureuse; si la coloration du papier reste faible, c'est qu'il y a excès de dissolvant.

Une couleur de peinture pour porcelaine, c'est-à-dire une couleur vitrifiable, est à peu près dans les mêmes conditions.

Elle est formée de deux éléments : l'oxyde ou la

[1] Paris, Gauthier-Villars.

matière colorante, qui peut entrer dans la préparation de la couleur en quantité plus ou moins grande et qui donnera suivant le cas des teintes plus ou moins vigoureuses, et le fondant, qui joue en quelque sorte le rôle que remplit l'eau dans la couleur d'aquarelle.

Le fondant n'est pas mêlé aux oxydes pour faciliter comme l'eau l'extension de la couleur, mais pour faire adhérer les oxydes colorants sur l'émail de la porcelaine.

Il sert quelquefois au développement des couleurs de grand feu, mais nous n'avons pas à en parler ici.

On pourrait supprimer le fondant si les oxydes étaient fusibles et si, dans certains cas, ils ne servaient de base nécessaire à la formation des couleurs, comme dans le bleu de cobalt par exemple. Or, les oxydes ne sont pas fusibles. Ils jouent le rôle de colorant dans la composition de la poudre vitrifiable, et la couleur dérivant de la nature de l'oxyde n'est fixée sur la porcelaine que par l'intermédiaire du fondant qui donne le brillant.

Ces fondants, dans les couleurs ordinaires de peinture, se fixent, comme nous l'expliquons, sur la porcelaine dont l'émail est trop dur pour être mis en fusion par le feu de moufle, et le brillant qui en résulte ne vient pas du subjectile, mais du fondant qui est mêlé à la couleur; c'est ce qui doit être bien compris. La glaçure est d'autant plus belle que le fondant est en plus grande quantité, non pas par rapport aux proportions d'oxyde, mais par le fait que la couche de fondant est suffisamment épaisse, ce qui est le cas si les couleurs sont placées au pinceau.

Sommes-nous dans de bonnes conditions quand nous demandons les épreuves à la photographie?

Évidemment non.

La quantité de fondant nécessaire à la vitrification, et surtout à la glaçure, qui est en proportion réglée dans les poudres à développer, est enlevée en partie par les lavages, mécaniquement d'abord, ou encore par dissolution, car les fondants sont légèrement solubles dans l'eau.

Toute épreuve reportée est donc privée d'une partie de l'élément qui doit la fixer sur la porcelaine, et, comme il n'est pas possible de trouver une autre méthode de report, il faut avoir recours à des moyens auxiliaires et détournés pour placer les épreuves photographiques dans les mêmes conditions que la peinture.

On ne trouverait ni un remède ni un palliatif si l'on augmentait la dose de fondant de la poudre vitrifiable. L'image serait grise, et l'opérateur ne doit pas oublier que la poudre d'émail ou de porcelaine, écrasée avec le doigt sur du papier blanc, doit laisser une trace très noire et très marquée; si la traînée est grise et pâle, la poudre n'est pas bonne pour l'emploi. Il faut un soin tout spécial pour préparer l'émail photographique, et les meilleures couleurs noires qui servent à la peinture sur porcelaine ne donnent pas les mêmes résultats dans les épreuves développées au blaireau.

Nous avons dit que les reports sur faïence sortaient toujours du feu avec une belle glaçure, à cause de l'émail qui leur sert de couverture et qui est un composé très fusible.

Il s'agit donc de préparer la porcelaine que nous avons à décorer et de la placer dans les conditions de la faïence.

Nous conseillons la méthode qui suit, qui est la meilleure et qui nous a constamment réussi.

Préparation des surfaces pour la décoration de la porcelaine.

On doit préparer une série de pièces à la fois pour ne faire qu'une seule fournée.

On prend un fondant qu'on sait par expérience fusible au feu de moufle. Ce fondant peut être de la pâte d'émail, celle que le commerce fournit, ou le fondant général, ou le fondant rocaille. L'oxyde de plomb, employé pur sans addition de silice et de borax, rongerait les oxydes.

On trouve les fondants broyés, porphyrisés et réduits en poudre impalpable comme les couleurs. On prépare une certaine quantité du fondant choisi sur une glace, on le broie avec une molette à l'essence de térébenthine en ajoutant un peu d'essence grasse, comme pour la couleur à peindre, et on l'étend au pinceau sur toute la pièce de porcelaine ou seulement sur les parties qui sont à décorer.

Dans les fabriques de porcelaine, la glaçure se pose au tamis par saupoudrage ou par immersion, mais cette opération n'est possible que sur la pièce moulée qui n'a pas encore vu le feu ou qui n'a subi que l'opération du dégourdi.

Nous ne pouvons pas opérer de la même manière sur une surface déjà vitrifiée et polie comme la porcelaine ; on peut cependant étendre au tampon en couche très légère la mixtion dont la formule est indiquée plus loin et tamiser le fondant sur les pièces.

Mais le décorateur qui n'a pas sous la main une quantité suffisante de fondant fera mieux de passer ce produit délayé à l'essence sur les plaques ou sur les pièces de porcelaine.

Il n'y a pas de difficulté pour étendre le fondant, mais il faut un certain soin pour faire une couche bien égale et bien unie sans trop d'épaisseur.

On n'y arriverait pas sans l'aide du *putois*. Ce pinceau est taillé en rond ou en pied de biche, et c'est le seul pinceau à employer, si l'on veut arriver à des résultats satisfaisants. Pour obtenir la régularité, on choisira des putois de grosseur moyenne ; il en faut plusieurs pour la même opération. Le premier prépare la couche, mais se charge en même temps d'essence; on en prend un second qui mène le travail plus loin, et, quand la couche est formée, c'est à l'aide d'un troisième pinceau qu'on sèche pour ainsi dire la surface de la porcelaine. Il vaudrait mieux essuyer à l'essence et recommencer la couverture si la couche n'était pas uniforme. Il faut, en se servant du troisième putois, recourir à un stratagème bien connu des praticiens, qui consiste à hâler quelquefois sur la surface que l'on veut unir. L'humidité communiquée par le souffle à la couche étendue permet de lui donner une régularité qu'il serait difficile d'obtenir si l'on n'employait pas ce procédé dont le succès est constant.

On se souviendra de ce détail quand on aura à refaire des fonds sur les émaux.

Le putois est fort utile, on peut même dire indispensable, dans la peinture sur porcelaine et sur émail, mais il exige des soins. C'est le duvet léger et à peine visible terminant chaque filament qui est la partie utile.

Si l'on néglige une seule fois de le laver à l'essence d'abord, et à l'eau de savon ensuite, le pinceau qui coûte cher est irrémédiablement perdu.

Si nous recommandons de hâler sur la couche, nous conseillons encore d'enlever à la pointe les poussières et les corps étrangers qui se portent accidentellement sur la surface que l'on prépare. Le fondant ou les couleurs, suivant le travail, arrêtés par le corps étranger, s'amassent en plus grande épaisseur sur ce point, et il en résulte des défauts après le passage à la moufle.

Les fondants sont généralement blancs ou teintés en jaune. Il est quelquefois difficile de juger de la régularité de la couche, mais on peut les teinter légèrement en rouge pour guider l'œil et la main.

Une bonne couleur à prendre est l'oxyde rouge de zinc et de fer, qui donne une belle coloration rose, mais qui disparaît au feu nécessaire pour glacer le fondant.

Une couleur quelconque végétale pourrait servir pour cet usage.

Si l'on emploie le famis pour étendre la couverture de fondant, on peut mêler du noir de fumée à ce dernier pour former une couche noire sur la plaque de porcelaine. Le feu détruira la matière organique et la couche fondue et sans épaisseur sortira blanche de la moufle.

C'est sur la porcelaine ainsi préparée que nous transporterons les épreuves photographiques; mais il est bien entendu que cette couche de fondant sera préalablement passée au feu d'où elle doit sortir glacée.

Nous aurons ainsi tourné la difficulté et nous aurons transformé la porcelaine en faïence. Nous n'aurons plus besoin du grand feu, seul capable de ramollir l'émail silexé de la porcelaine, mais d'une température variant entre 600° et 800°, suivant la fusibilité du fondant que nous aurons employé.

A l'aide de cet intermédiaire, les épreuves adhéreront très bien sur la porcelaine, et elles trouveront, dans le fondant interposé, la partie utile pour la glaçure qui a été soustraite par les lavages et qu'elles n'ont recouvré qu'imparfaitement par la solution de borax fondu.

Il ne faudrait pas négliger l'emploi de la solution de borax. Elle est toujours utile pour fixer la pellicule sur le subjectile et pour prévenir les éclats et les soulèvements de la pellicule au moment où, quoique bien séchée, elle est surprise par le feu.

Vitrification de la porcelaine dans le fourneau d'émailleur.

La plupart des décorateurs et des artistes peintres n'ont pas à leur disposition une construction, c'est-à-dire un four, ou mieux une moufle, pour la cuisson de leur peinture. Ils sont forcés de porter leur travail chez les spécialistes décorateurs; il s'ensuit une grande perte de temps et un retard dans la livraison, car il reste toujours un dernier coup de pinceau à donner à une peinture. Il serait donc fort utile de pouvoir faire ce travail sans dérangement et sans courses.

Les amateurs et les artistes qui font le médaillon et le portrait sur émail reportent quelquefois leurs épreuves sur des plaques en porcelaine, ou peignent directement sur la matière silexée.

Ils ont recours alors aux spécialistes pour fixer leurs travaux par le feu.

On peut, en s'entourant de certaines précautions, vitrifier au four d'émail les épreuves sur porcelaine : la vivacité du feu dans le four d'émailleur est souvent très utile, et l'on peut obtenir en un quart d'heure un résultat qui n'est atteint qu'après douze ou quinze heures dans la moufle à porcelaine.

Il est bien entendu que nous ne touchons pas aux grandes pièces qui voleraient en éclats à chaque tentative. Nous parlons seulement des plaques ovales ou carrées et des menus objets qui peuvent entrer dans la moufle d'un four d'émailleur (n° 4 ou 5). Ces dimensions suffisent pour les besoins du portraitiste.

Cuire une plaque d'émail ou un médaillon en porcelaine est une même chose.

Mais l'émail ne se brise pas sous l'influence d'un courant d'air ou par le changement subit de température. L'opération, d'autre part, se fait en quelques minutes.

La vitrification de la porcelaine est un peu plus longue, mais elle dure peu si l'on travaille par la méthode que nous venons d'indiquer. La seule difficulté qui se présente, c'est de cuire la pièce sans la briser. On peut le faire sans crainte dans le fourneau d'émailleur à condition de prendre les mesures que nous allons indiquer et qui ne sauraient être trop minutieusement observées.

Nous émettons comme principe, et pour éveiller l'attention de l'opérateur, qu'une plaque de porcelaine mise brusquement au feu sera infailliblement brisée. Il en sera de même si la pièce passe sans transition de l'intérieur de la moufle dans un milieu plus froid.

Aucun essai de ce genre n'est à tenter si l'on ne prend pas les soins voulus, mais il n'y aura *jamais* d'accidents si l'on se conforme aux règles que nous allons indiquer et que nous a enseignées une longue expérience.

On dispose à côté du fourneau, en allumant ce dernier, une moufle fermée, qui s'échauffera suffisamment pour l'usage que nous voulons en faire, de grandeur suffisante pour recevoir la plaque de porcelaine et son support en terre réfractaire quand le moment sera venu. Cette moufle sera fermée avec une porte de four pour empêcher l'air froid d'y pénétrer.

Quand la moufle du fourneau d'émailleur aura atteint la couleur rouge naissant, ce qui indique une température de 500° environ, on approchera la plaque de porcelaine du four et on la chauffera graduellement en retournant de temps en temps la plaque réfractaire sur laquelle elle est placée; quand elle aura reçu une chaleur égale, on la portera à l'aide des pinces d'émailleur sur la cheminée du fourneau, en contact direct avec la flamme qui s'échappe de cette ouverture. Il est bien entendu que la porcelaine ne quitte pas le support. Après quelques minutes, on portera la pièce dans la moufle du fourneau et l'on fermera la porte du four.

On surveillera le travail et l'on retirera la porcelaine de la moufle, quand, après inspection, on jugera l'épreuve suffisamment glacée. On peut ouvrir la porte de l'appareil pour suivre les progrès de la vitrification, mais à condition de la refermer vivement.

La plaquette et la porcelaine qui ont atteint la couleur rouge cerise sont portées sans retard au sortir du feu sur la cheminée de la moufle comme au début de l'opération, et, quand elles ont repris la couleur plus sombre du rouge naissant, on les place rapidement dans la moufle fermée, préparée dans ce but. On bouche l'ouverture avec la porte du four qui est surchauffée et qui communique sa chaleur à la moufle. On retire la porcelaine quand l'appareil est froid.

On doit, pendant tout le temps de l'opération, fermer les portes et les fenêtres de la pièce où l'on travaille pour éviter les courants d'air.

On pourrait suivre une autre méthode pour glacer l'épreuve sur porcelaine. Nous l'indiquerons, mais seulement en quelques mots, car nous lui préférons la première.

Cette manipulation consiste à poser la couche de fondant sur l'épreuve, après un premier passage à la moufle et après retouche, s'il y a lieu; mais la plupart des fondants rongent l'épreuve si le coup de feu est trop fort, et cette application de fondant, après coup, qui réussit très bien avec les peintures au pinceau, amène des troubles sur les épreuves reportées: le dessin s'efface et s'affaiblit. Cette particularité s'explique par le peu d'épaisseur de l'oxyde qui, n'étant pas saisi par le fondant par un premier passage au feu, mais fixé simplement sur la plaque de porcelaine, se combine avec la couche de fondant plus fusible qui lui sert de couverture à la seconde vitrification.

Choix de la couleur monochrome pour les épreuves destinées à être peintes.

Les couleurs noires, rouges, sépia, peuvent être indifféremment employées pour le développement des épreuves monochromes, mais ces couleurs ne sont pas à employer si l'épreuve sur porcelaine est destinée à recevoir le coloris. On peut développer en noir dans l'émail et colorier sur ce fond avec succès, grâce à l'emploi de l'acide fluorhydrique; mais la porcelaine ne peut pas être traitée de la même manière. Aucune application de couleur n'est acceptable dans les conditions dont nous parlons.

On trompe au contraire l'œil le plus exercé si l'on développe avec une couleur brun-rouge dont la formule suivra.

L'épreuve développée par le feu prend un ton brun jaune rosé. Sur ce fond, toutes les couleurs de moufle peuvent être superposées. Elles ne perdent ni de leur éclat ni de leur fraîcheur, et il est difficile, une fois l'œuvre achevée, de distinguer si le dessin est dû au procédé ou au pinceau.

Il n'est pas nécessaire d'être chimiste pour préparer cette couleur. On l'obtient sans fusion comme toutes les couleurs terreuses. Nous l'avons toujours prête pour l'opérateur qui ne voudra pas la composer lui-même.

On fait dissoudre séparément dans deux vases en verre :

1°	Sulfate de fer pur.	100gr
	Eau ordinaire.	2lit.
2°	Bichromate de potasse	100gr
	Eau ordinaire.	2lit.

Après la dissolution des produits, qui peut être faite à l'eau chaude, on mêle les deux solutions en versant indifféremment un des deux liquides dans l'autre. On agite avec une spatule en porcelaine en mélangeant les deux solutions.

On laisse reposer un jour ou deux et l'on décante.

Le produit qui forme un dépôt au fond du vase est l'oxyde que nous cherchons.

On le fait sécher à l'étuve, au soleil ou près d'un foyer quelconque de chaleur, et plus facilement dans le fourneau d'émailleur. La fusion n'est pas à craindre puisque les oxydes sans fondant sont infusibles.

On a obtenu par voie de double décomposition un chromate de fer.

Cette couleur offre un très grand avantage, elle n'a pas besoin d'être broyée.

La couleur à développer se composera comme il suit :

Chromate de fer......	50gr
Fondant général......	150gr

Les deux produits seront broyés à l'eau sur une glace sous une molette en cristal. On ramassera la couleur une fois sèche et on la mettra en réserve.

Le chromate de fer peut servir au développement de certaines épreuves qu'on peut reporter sur l'émail de Limoges, c'est-à-dire sur les plaques émaillées à fond bleu, brun ou noir. Le dessin se détache très bien sur le fond et les praticiens pourront en tirer un excellent parti dans l'industrie.

Émaux de Limoges.

Nous n'avons rien dit, dans le *Traité des émaux photographiques*, des émaux de Limoges ni des émaux cloisonnés, car nous n'écrivions alors que pour les photographes, et les applications dont nous allons parler étaient, pour ainsi dire, sans applications immédiates. Il n'en est plus de même aujourd'hui, que la méthode photographique a été acceptée par l'industrie.

Cette méthode peut être pour l'émailleur de profession un aide utile dans bien des cas, et un grand nombre de photographes ne se bornent plus aujourd'hui à la production des épreuves en noir sur fond blanc comme dans la reproduction du portrait; il en est beaucoup qui consacrent tout leur temps à la production des émaux et qui se font émailleurs.

Nous croyons donc indispensable d'indiquer dans cette brochure, qui est le complément de notre *Traité des Émaux photographiques*, les quelques applications qui peuvent leur être utiles.

On appelle *émail de Limoges* toute peinture ou dessin en blanc rehaussé souvent de coloris et d'application en or et en argent sur des émaux sur cuivre. Les dessins sont le plus souvent en relief, et l'on peut voir au Louvre et au musée de

Cluny des pièces splendides en ce genre. Nous ne ferons pas ici l'historique de ces chefs-d'œuvre. Nous nous bornerons à indiquer les moyens pratiques permettant de les imiter et de les reproduire.

La ville de Limoges a donné son nom aux peintures de ce genre. Mais cette école, célèbre dans son temps, s'est perdue, et l'on ne trouve plus aujourd'hui dans cette ville un seul peintre sur Limoges.

Ce genre d'émail se fabrique aujourd'hui à Paris dans trois ou quatre ateliers qui se livrent surtout à la décoration des grandes pièces et n'exécutent qu'un seul modèle qu'ils se gardent bien de reproduire afin de conserver une grande valeur à cette pièce unique. Quelques artistes isolés produisent aussi de fort belles peintures en ce genre.

Voyons brièvement comment le peintre spécialiste procède, et quand nous saurons en quoi ce genre diffère de toute autre peinture sur émail, il ne sera pas difficile de comprendre comment la photographie peut nous venir en aide si nous voulons l'imiter.

Nous trouvons d'abord un auxiliaire puissant dans le procédé à la poudre d'or, et si nous voulions nous borner à produire des épreuves en or fin sur les émaux de Limoges, notre but serait pleinement atteint. Il nous suffirait, en effet, d'incorporer dans la moufle le dessin en or à la plaque, ce qui serait une production d'un genre nouveau dans le Limoges. Mais, en tout cas, le procédé nous servira pour l'ornementation de ces peintures quand il n'en constituera pas le fond.

Mais on n'oubliera pas que dans ces deux applications du procédé sur émail à fond noir ou bleu, le développement doit se faire à l'or fin.

Le métal précieux, réduit en poudre impalpable et qu'on trouve chez les batteurs d'or, est d'un prix élevé, mais il en faut une très petite quantité pour développer une épreuve.

L'insolation se fait, comme nous l'avons dit, sur un négatif. Après le développement et pour faciliter la séparation de la couche sensible et de la pellicule, on immerge la glace dans une cuvette d'eau acidulée avec l'acide sulfurique.

Il n'y a aucun danger pour l'épreuve, puisque l'or est inoxydable. La pellicule est ensuite reportée, le collodion en dessous, par l'intermédiaire de la solution de borax : on presse la pellicule sur l'émail en interposant une feuille de papier de soie, en s'aidant d'un tampon de coton, et l'on passe à la moufle quand il ne reste plus sur la plaque trace d'humidité. Il est toujours utile de sécher l'épreuve à un feu doux.

Le passage à la moufle est délicat. Il faut donner une grande attention au coup de feu.

Si la fusion est trop poussée, l'épreuve sort de la moufle dans de mauvaises conditions. L'or a pénétré dans l'émail au lieu d'adhérer simplement à la surface, et l'image métallique reste terne et sans effet.

Le brunissoir est impuissant à rendre l'éclat du métal à l'épreuve, puisque la sanguine de l'outil ne porte pas directement sur l'or, mais sur l'émail qui recouvre le métal. C'est le seul danger auquel l'épreuve est exposée dans la vitrification.

On fixera donc le dessin à un feu doux et l'on s'assurera, en le retirant de la moufle, et en l'attaquant légèrement avec le brunissoire sur un des angles, que l'or est définitivement fixé.

Le peu de borax entraîné par la pellicule facilitera l'adhérence de l'or sur l'émail.

L'or peut être remplacé par la poudre d'argent fin, mais il faut prendre ce produit chez le batteur d'or pour être certain que le métal ne contient pas d'alliage.

L'emploi de la poudre d'argent offre un grand avantage, non pas en raison de l'image en elle-même, mais du parti que nous pouvons tirer de cette épreuve en blanc sur fond noir.

Cette particularité nous permettra de reporter sur des plaques en Limoges des dessins très complets et très délicats que le pinceau serait impuissant à reproduire. Ces épreuves serviront de fond ou de tracé au peintre.

La plus grande difficulté que l'on rencontre dans la production des émaux à fond noir, c'est le tracé du dessin, car ce qui manque aux artistes, assez rares pour les besoins de cette industrie, c'est la précision dans les lignes. Le modèle n'est pas rendu avec l'exactitude suffisante.

Ces difficultés disparaîtront quand, guidés par le tracé, ils n'auront plus qu'à mettre les traits en relief.

Le relief caractérise l'émail de Limoges soit dans l'ornement, soit dans les figures.

On emploie comme couleur de fond le blanc chinois qui se fixe sur l'émail en donnant de l'épaisseur à la ligne. Ce blanc chinois diffère peu ou point de l'émail blanc qui sert à la fabrication de nos plaques d'émail, mais il est réduit en poudre impalpable pour être employé dans ce genre de peinture. On le prépare comme les couleurs ordinaires, délayé dans la térébenthine et l'essence grasse.

On tient la couleur un peu fluide sur la palette; le dessin est en quelque sorte peint goutte à goutte. On laisse tomber du pinceau un léger amas de blanc sur les parties qui doivent réproduire les lumières, et on l'étend à mesure, en respectant les ombres qui sont données par la couleur noire du fond. On emploie le grattoir autant que le pinceau : le grattoir sert à marquer les ombres en enlevant le blanc sur les parties qui ne doivent pas en être recouvertes.

Il n'y a pas à s'occuper du coloris au début du travail.

On se borne à faire un dessin en grisaille, et achevé dans tous ses détails. L'épreuve, quand l'essence est évaporée, est passée à la moufle, et l'on reprend ensuite la grisaille avec les couleurs à peindre.

Les couleurs sont appliquées comme dans la peinture ordinaire sur le blanc en relief, suivant l'exigence du modèle, suivant la fantaisie et le goût si l'on crée un modèle.

On passe une seconde fois au feu, et les traits en relief, perdant la couleur blanche, semblent formés en épaisseur par la couleur qui les distingue.

Les couleurs employées dans la peinture sur Limoges sont tantôt des émaux opaques et tantôt des émaux transparents.

Les émaux transparents destinés à recouvrir les paillons ne se posent pas au pinceau comme les couleurs opaques.

Mais, pour nous faire comprendre, il faut expliquer ce qu'on entend par *paillon* et par *émail transparent.*

Le paillon est une lame d'or ou d'argent, au premier titre, mince et souple, que l'affineur prépare et lamine pour cet emploi; on le fixe d'abord sur l'émail noir à l'aide d'une pâte de gomme adragante dissoute dans l'eau bouillante.

On taille le paillon avec des ciseaux et quelquefois on le découpe à l'emporte-pièce en lui donnant exactement la forme précise qu'il doit occuper dans le dessin à reproduire sur l'émail.

Quand la gomme est sèche, on passe la plaque d'émail au feu, et le paillon, s'affaissant dans la pâte, reste fixé sur la surface de l'émail.

Ce moyen d'enluminure joue un grand rôle dans le Limoges; on le rencontre souvent dans ce genre de peinture, et sur les objets de prix de fabrication moderne, taillé en étoile, en points ronds, etc... Il forme le fond éclatant des frises et des colonnes dans les motifs d'architecture; on le fixe en cercle pour former les limbes dans les sujets religieux; il suit la coupe des vêtements dans les sujets à figures.

C'est sur ce paillon, déjà fixé par le feu sur les parties du dessin qu'il doit rehausser, que les émaux transparents sont appliqués.

L'éclat métallique de l'or et de l'argent, ombré par les diverses colorations des émaux, jette des éclats pleins d'effets à travers le flux vitreux et transparent.

Il y a donc des émaux opaques et des émaux transparents.

Les émaux opaques ne sont autres que les couleurs qui servent à peindre sur porcelaine et sur émail; quelques-unes de ces couleurs peuvent cependant être considérées comme des émaux transparents.

En général, les émaux opaques sont préparés

en opérant le simple mélange de l'oxyde ou matière colorante et du fondant. Il n'y a pas de fusion préalable, et par conséquent pas de combinaison.

La couleur à développer brune, ou le chromate de fer dont la préparation a été indiquée est un émail opaque.

Nous avons opéré le mélange de la couleur et du fondant sans les fondre ensemble au creuset.

Les émaux transparents sont au contraire des verres déjà fondus, et dans lesquels l'oxyde et le fondant se combinent ensemble dans le creuset. Le verre résultant de la fusion est ensuite broyé et réduit en poudre et, en cet état, on s'aperçoit peu de la fusion préalable. Les verres colorés de toute nature pulvérisés peuvent être considérés comme des émaux transparents.

Nous insistons, non pas pour engager le peintre à fabriquer ses couleurs, ce serait peine perdue, mais pour le guider dans le choix de sa palette et pour le mettre au courant de tout ce qui touche à son art : c'est ainsi seulement qu'il pourra en tirer tout le parti possible, et demander au fabricant avec précision les produits dont il a besoin.

L'émail bleu, pour ne citer qu'un exemple, est un émail transparent ou de combinaison. Le protoxyde de cobalt, qui est noir par nature, joue le rôle de base en combinaison avec la silice et l'acide borique, et c'est par suite de la combinaison des produits par la vitrification que la couleur bleue se développe.

On réduit en poudre ce verre bleu ou tout autre résultat d'une combinaison analogue donnant une couleur quelconque, et ces couleurs servent à orner les paillons.

Ces couleurs, avons-nous dit, ne peuvent pas être mises au pinceau comme les couleurs de peinture qui sont appliquées sur l'émail. Elles ne s'y fixeraient pas.

On les réduit en poudre, non plus impalpable comme les autres couleurs, mais en poudre grenue dans un mortier en agate ou en verre; cette trituration se fait sous l'eau; on rejette par lavage les parties les plus ténues qui s'opposeraient à la régularité de la couche.

Ce n'est donc que la partie grenue et insuffisamment broyée pour former boue qui est bonne pour l'emploi. Ce détail, que nous avons souligné dans le *Traité des émaux photographiques* en parlant de la fabrication des plaques, doit être remarqué.

On se sert, pour étendre la couleur sur le paillon, d'une petite spatule en acier poli que l'on charge de cette pâte à grains légers humectée avec une dissolution faible de gomme adragante dans l'eau bouillante.

On peut encore verser quelques gouttes d'eau sur l'émail et introduire dans le mortier, quand la trituration est achevée, quelques pépins de coings dont le mucilage remplacera la dissolution de gomme.

On étale la pâte humide sur le paillon sans trop d'épaisseur. On éponge avec un linge blanc et souple, et quand l'émail en poudre est bien sec sur le métal que l'on a placé près du feu, on porte la pièce dans le four pour opérer la fusion.

Il faut commencer le travail sur la plaque d'émail par la pose des paillons et les émailler à un second feu quand ils sont fixés par le premier passage à la moufle.

Mais cette pose et cet émaillage ne peuvent se faire que si le métal est parfaitement décapé.

En le plongeant dans le bain suivant, pendant quelques secondes avant de les fixer, le résultat sera atteint.

Salpêtre......	30gr
Alun........	25
Sel ordinaire....	40

On n'ajoute que l'eau nécessaire à la dissolution des sels. On lave à l'eau et l'on essuie avec un linge blanc.

On peut développer les épreuves destinées aux émaux de Limoges avec l'oxyde, le chromate de fer ou encore avec le blanc chinois, sans oublier que l'insolation doit se faire sur un négatif.

On obtient, dans le premier cas, une épreuve couleur orange qui est d'un effet très artistique et qui se rapproche, comme ton, de celles que l'on remarque sur les vases étrusques à fond noir; mais il ne faut pas trop pousser le feu et développer vigoureusement au blaireau si l'on veut obtenir un dessin bien marqué.

Si le développement est fait avec le blanc chinois, le report est trop faible pour donner une épreuve complète, mais ce report servira de guide au peintre, ce qui est un grand avantage dans la peinture sur Limoges.

En règle générale, il faut se servir de négatifs quand le report est destiné à un fond noir quelconque, et faire le lavage et le transport des épreuves dans des cuvettes en gutta-percha ou dans des cuvettes à fond de verre, recouvert, en dessous et extérieurement, d'un papier noir qui permet de suivre le dessin en blanc, en or ou en argent, qui se détacherait mal sur le fond blanc des cuvettes en porcelaine.

Émaux cloisonnés.

Si l'on grave un dessin en creux sur une planche d'or, d'argent ou de cuivre, et si, les creux étant remplis d'émail blanc, on passe la pièce au feu pour lier la pâte au métal par la fusion, on aura un émail cloisonné. L'émail cloisonné est en quelque sorte une mosaïque sur fond métallique. C'est toujours de l'émail blanc qui est appliqué dans les creux, et, comme dans l'émail de Limoges, on colorie superficiellement l'émail avec les couleurs de peintures que nous avons fait connaître.

Le développement à l'or et aux poudres vitrifiables ne peut être utile qu'autant que la composition offre dans les figures ou dans les ornements une surface de quelque étendue; alors, les appliques peuvent être préparées par le procédé qui reste sans utilité pour les lignes.

Mais la photographie peut, à un autre point de vue, jouer un rôle important dans l'émail cloisonné.

C'est la gravure chimique qui nous vient en aide pour l'exécution facile de ce travail.

Nous n'avons pas à en parler dans cette brochure. On trouvera cette partie exposée dans un ouvrage qui est en préparation et qui sera sous peu livré à l'éditeur.

Nous nous bornons ici à ce qui a rapport à l'émail et nous renvoyons à plus tard ce qui a trait à la gravure.

Nous devons prévenir que le blanc d'émail ne doit pas être de la pâte, mais du *blanc*, c'est-à-dire un émail plus fusible.

Le blanc est broyé en poudre grenue dans les mêmes conditions que celles qui ont été exposées en parlant du paillon, et on l'emploie de la même manière.

Si le blanc est placé dans des creux assez larges, comme dans un quadrillé, par exemple, la masse resserrée par la fusion n'effleurera plus la surface en sortant du feu. Dans ce cas, on remplit le vide laissé par le retrait de la matière fusible en chargeant une seconde fois la pièce : le feu soudera l'une à l'autre les deux couches superposées. Si, par suite de ce traitement, l'émail reste en hauteur sur la surface, on usera la couche avec une lime, puis on passera une pierre dure pour faire disparaître les inégalités.

Un court passage à la moufle rendra le brillant à l'émail. C'est à ce moment que le dessin passera dans les mains du décorateur, et, quand le coloris sera terminé, la pièce passera une troisième fois au feu où les couleurs seront fixées.

CHAPITRE VIII.

Photochromie céramique.

On se gardera de supposer que nous nous livrons dans ce chapitre à une fantaisie quelconque de plume ou d'imagination.

Le procédé de peinture sur porcelaine sans l'aide du pinceau est adopté dans quelques ateliers et les porcelaines décorées qui sont ainsi obtenues ont un plein succès.

Cette méthode n'est qu'une combinaison dérivant des procédés que nous avons exposés dans le *Traité des émaux photographiques*

Mais l'émail n'a qu'un écoulement très limité dans la production, à l'exception des menus objets qui peuvent être demandés par le bijoutier, et il est rare qu'il y ait lieu de multiplier les copies.

Il n'en est pas de même de la porcelaine, où une épreuve peut se vendre par milliers de copies.

Les moyens d'exécution sont économiques ou coûteux, mais toujours avantageux, suivant l'importance de l'exploitation.

Nous indiquerons plusieurs manières, mais quel que soit le mode de production auquel on s'arrête on ne pourra arriver que par la superposition mécanique des couleurs.

Report d'une pellicule unique.

Le moyen le plus simple et qui est à la portée de chacun, consiste à développer une première épreuve avec le chromate de fer. Cette épreuve sera coloriée rapidement par les moyens ordinaires employés dans la peinture sur porcelaine.

Ce coloris n'exigera pas de grands soins, le pointillé, le fini n'étant pas à chercher.

On passera simplement les aplats de la couleur locale : du rouge sur les lèvres, du brun dans les cheveux et les couleurs diverses des vêtements, sans chercher à renforcer les teintes par le travail du pinceau dans le but d'accentuer la valeur des ombres. *On respectera les lumières* (ce point doit être rigoureusement observé).

Après ce premier coloris primitif jeté sur la porcelaine, comme la couleur sur une image d'Épinal, on passera l'ébauche à la moufle pour donner la glaçure aux aplats.

On développera ensuite une deuxième épreuve du même cliché positif en n'oubliant pas qu'il faut des positifs pour les reports sur fond blanc, et l'on appliquera cette épreuve sur la première qui n'est, avons-nous dit, qu'à l'état d'ébauche.

On emploiera pour la deuxième épreuve la même couleur de chromate de fer, mais on y mêlera un peu de brun ou de sépia fusible pour foncer la teinte, et l'on appliquera cette épreuve sur la première en ayant soin d'ajuster exactement les deux épreuves l'une sur l'autre.

On y arrivera aisément, avec un peu d'habitude, dans le bain de borax où la pellicule doit flotter librement sans point de contact avec les bords de la cuvette. C'est le cas ici d'ouvrir une parenthèse pour expliquer minutieusement un tour de main qui est trop souvent maladroitement exécuté par les débutants, comme nous l'avons remarqué cent fois dans les démonstrations que nous avons eu à faire.

Nous voulons parler du renversement de la pellicule et du transport de l'épreuve sur la plaque de porcelaine.

Supposons d'abord que la pellicule ait quitté la glace et qu'elle flotte à la surface du bain de borax, il ne faut pas oublier que l'on doit placer la porcelaine sur son support dans la cuvette, avant d'y porter l'épreuve; il n'y aurait plus moyen après de faire passer le subjectile sous la pellicule.

Nous avons donc, d'une part, la porcelaine sur son support au fond du liquide, de l'autre, l'épreuve qui flotte à la surface du bain. On soulève la plaque de porcelaine et l'on ne fait émerger de l'eau que le centre qui est toujours un peu renflé et sur lequel on fait porter le milieu de l'épreuve : les bords de la pellicule qui sont inutiles et qui débordent de la porcelaine ne doivent pas quitter le bain ; la porcelaine, d'autre part, ne doit pas être trop soulevée, pour éviter que la pellicule ne se replie perpendiculairement à l'eau sur les arêtes de la plaque de porcelaine. Il serait impossible, dans cette position, de faire glisser l'épreuve sur la porcelaine et d'ajuster les deux épreuves. Si, au contraire, la partie centrale de la plaque seule désaffleure, la pellicule trouve un point d'appui au centre sur lequel elle pivote et ses bords flottent horizontalement dans le bain.

Dans cette position, le collodion obéit à tous les caprices de l'opérateur, et, avec un pinceau à pointe légère que l'on tient de la main droite, on fait avancer ou reculer l'épreuve en tous sens, on superpose les traits sans gêne et avec précision.

Quand on est sûr de la coïncidence exacte des deux épreuves, on soulève sans secousses la plaque de porcelaine pour l'entraîner hors de l'eau ; mais, comme la pellicule est sujette à se déplacer par le mouvement imprimé à la plaque, quoique lent et mesuré, on a soin de laisser les parties pendantes en contact avec le bain : dans cette position, la pellicule reste encore libre de courir sur la surface de la porcelaine et l'on peut encore la diriger avec le pinceau qui doit porter en dehors de la partie utile de l'image.

Ce n'est que lorsque l'épreuve est définitivement en place, la porcelaine étant presque hors de l'eau, qu'on soulève le tout à l'aide du support.

Il importe peu, à ce moment, que les parties du collodion qui débordent soient secouées en sortant du liquide, attendu que le dessin qui porte entièrement sur la plaque ne se déplacera plus.

Il y a quelques mesures de précaution à prendre si l'on veut mener à bien cette manipulation, assez délicate, bien que d'une exécution en somme assez facile.

C'est d'abord d'être assis : debout, la main manque de sûreté ; c'est, ensuite, de faire le transport dans des cuvettes de grandes dimensions relativement aux proportions de l'épreuve, et de se placer en pleine lumière, le jour incident trompant facilement l'œil sur les surfaces bombées.

Passons maintenant au renversement de la pellicule.

Le collodion versé, comme dernière opération, sur l'épreuve développée — c'est-à-dire sur la poudre qui forme l'épreuve — est naturellement en dessous ; si le verre n'est pas retourné au moment où la pellicule s'en détache pour glisser dans le bain de borax, la poudre à développer fera face au fond de la cuvette, et si l'on soulevait la porcelaine qui est déjà en place dans la cuvette, la poudre porterait sur la porcelaine. Puisque c'est le collodion qui doit être directement en contact avec la plaque, il faut nécessairement que cette pellicule soit retournée au moment de son immersion dans le bain.

C'est encore un point délicat du procédé, mais cette opération n'est pas difficile, si l'on sait s'y prendre.

Il semble au premier abord qu'il faille beaucoup d'adresse pour renverser une grande feuille de verre portant une pellicule qui tend à glisser au plus léger mouvement qu'on lui imprime. Il n'en est rien cependant, si l'on prévoit dans l'exécution d'un travail les exigences même de ce travail. En prenant les précautions indiquées, on se trouvera en mesure au moment précis où la difficulté se présente.

On fera bien, en prévision du retournement, de développer sur des verres beaucoup plus grands que l'épreuve.

On ne coupera pas les bords de la pellicule qui brident l'épreuve sur la glace après avoir retiré cette dernière du bain acide; on ne fera cette opération qu'après le lavage, dans la cuvette d'eau fraîche, pour éviter le déplacement de la pellicule en la faisant passer de la première cuvette dans la seconde.

Le collodion sera coupé avec le tranchant du support ou à la pointe, mais par coups secs et distincts, en évitant de traîner la lame sur le collodion pour éviter le plissement.

On veillera à ce qu'il ne reste aucun point d'attache sur les arêtes du verre.

La pellicule doit être libre sur le verre, et, comme la glace a des dimensions beaucoup plus grandes que l'épreuve, elle pourra s'y mouvoir en tous sens.

Mais la pellicule n'aurait pas cette liberté de déplacement s'il ne restait un peu d'eau interposée.

On pose donc la glace d'aplomb, ou à peu près (ce détail est sans importance), sur un bocal ou autrement, et l'on y verse un peu d'eau.

On saisit alors verre et pellicule par deux angles opposés et l'on tient la glace dans les mains.

On s'avance vers la cuvette contenant l'eau de borax et qui aura été dégagée de tout entourage. Après avoir étendu les bras pour écarter les mains du buste, on fait pirouetter la glace sur elle-même et on fait immédiatement porter dans le bain l'arête du verre par laquelle la pellicule doit glisser.

Cette arête, une fois dans l'eau, ne doit plus en sortir. Il faut prendre ses mesures en conséquence. Si l'on relevait, par un mouvement involontaire, la partie du verre immergée, la pellicule se rabattrait sur le verso et on aurait de la peine à lui faire quitter son support.

On s'aperçoit immédiatement d'un changement

considérable qui se produit quand les deux épreuves sont superposées.

Cette seconde épreuve, qu'il ne faut pas développer avec trop de vigueur, voile la crudité des aplats de couleurs posés sur la première et lui communique le modelé qui lui manquait.

Ce travail est moins long à exécuter qu'à décrire, mais, dans un livre, la description toujours longue et ennuyeuse d'une opération souvent fort simple, est le seul moyen de démonstration.

On porte, quand le tout est sec, la porcelaine dans la moufle pour glacer la nouvelle épreuve. On la rectifie ou on la complète ensuite, s'il en est besoin, mais, en tout cas, le travail de peinture qui reste à faire se réduit à quelques touches.

Voici maintenant la méthode que l'industrie doit adopter.

Il n'est pas nécessaire qu'un fabricant change tous les jours ses modèles. Un sujet qui plaît au public peut être reproduit un grand nombre de fois.

On peut donc s'imposer certains frais de composition pour un travail productif et de longue haleine ; c'est ce que les chromo-lithographes ont bien compris.

Le décorateur sur porcelaine suivra l'exemple de ces derniers.

C'est ordinairement un tableau du dernier salon ou quelque toile connue qui attire le client.

On choisira un sujet que l'on ait le droit de reproduire et l'on fera dessiner les couleurs par un artiste spécialiste, dans l'ordre où ces couleurs doivent être superposées. C'est un dessinateur en chromo-lithographie que l'on chargera de ce soin. L'artiste a l'habitude de juger du résultat sans qu'il y ait superposition préliminaire, ce qui ne peut pas se faire.

Les *cartons* ou couleurs nécessaires peuvent varier de cinq à douze, mais on peut obtenir de beaux effets avec trois ou quatre couleurs.

Ces couleurs seront dessinées en noir. Tous les rouges du même ton qui sont employés isolément ou en mélange dans les différentes parties du tableau forment une couleur.

Tous les points de la reproduction dont le rouge fait partie sont dessinés sur le même carton ; ces couleurs qui sont tracées en noir, n'offrent à l'œil, vues séparément, qu'un dessin informe. L'ordre, l'ensemble, l'harmonie ne se révèlent qu'après la superposition des teintes.

On prendra un négatif de chaque couleur ou, pour nous entendre, de chaque carton. Tous ces négatifs seront faits successivement dans une séance, sans déplacer l'appareil ni le chevalet aux reproductions. Ils auront alors les mêmes dimensions, ce qui est de la plus haute importance, car il faut, au moment de l'exécution, que les épreuves de chaque couleur, sur pellicule ou sur feuille d'impression, coïncident exactement les unes sur les autres.

Chaque négatif portera le nom de la couleur qu'il doit fournir à l'épreuve, si l'on veut éviter toute cause d'erreur, et, en plus, trois points de repère qu'il suffira de superposer et de faire coïncider pour faire tomber chaque trait de l'épreuve appliquée précédemment sur le même trait de celle qui doit suivre.

Nous pourrons, à l'aide de ces négatifs, employer toutes les méthodes : reports de planches gravées, reports phototypiques, etc., ou nous borner à la superposition des pellicules correspondant à chaque couleur. Nous avons dit plus haut que la phototypie ne donnait pas de bonnes reproductions pour report sur porcelaine, en ce sens que l'épreuve manquait de vigueur.

Ce n'est plus le cas ici. Dans la photochromie céramique, la phototypie peut nous rendre d'utiles services puisque nous avons besoin d'épreuves légères et transparentes; c'est pour cette application que nous choisirons de préférence les émaux translucides qui laisseront voir les dessous après la vitrification.

Comme on l'a déjà compris, on développera sur chaque couleur dont on aura pris un cliché positif une épreuve en rouge, en bleu ou en vert, et l'on superposera les pellicules dans l'ordre que l'artiste aura fixé.

Chaque pellicule sera passée à la moufle et l'on finira par couvrir le tout d'une épreuve en bistre qui jettera une ombre générale sur l'épreuve définitive et fera disparaître la crudité des couleurs juxtaposées.

On comprend qu'ici, comme en chromo-lithographie, il n'est pas possible d'opérer pour une seule épreuve. Le travail, couleur par couleur, doit être fait à la fois sur une série de reproductions du même type. On passe à la moufle, dans une seule fournée, toutes les porcelaines qui ont reçu une première couleur et l'on continue par série jusqu'à la fin du travail.

CHAPITRE IX.

Report sur porcelaine par poudrage direct. — Suppression de la pellicule et des feuilles imprimées

Cette méthode diffère de toutes celles qui précèdent.

Elle ne permet pas de reproduire les demi-teintes, mais seulement le trait. Elle peut être utile aux fabricants qui ne veulent pas s'imposer les frais des planches gravées ni recourir aux imprimeurs pour l'achat des épreuves nécessaires à leur décalque.

Ils pourront, sans autre dépense que celle du négatif, renouveler souvent leurs sujets et les multiplier au gré de la demande.

On s'aide, dans ce genre de décoration, d'un négatif pris sur une gravure ou sur un dessin au trait; mais la rapidité dans l'exécution et la valeur des épreuves dépendent du négatif.

Nous dirons seulement ici que les clichés doivent être renforcés le plus possible comme les négatifs qui sont en usage dans les procédés de gravure.

Nous avons indiqué dans nos diverses monographies et dans la dernière édition du *Traité pratique de photographie* qui est sous presse une méthode inédite pour obtenir ces clichés.

Quelques mots en passant suffiront pour remettre en mémoire ce qu'on entend par un négatif de gravure.

Sur le cliché, le dessin à graver ou à reporter sur porcelane doit être complètement à jour et comme *découpé* dans l'épaisseur de la couche de collodion.

Les blancs, c'est-à-dire les traits, seront vifs et transparents. Rien ne doit y faire obstacle à la lumière.

Une grande harmonie dans l'ensemble et une netteté complète dans le dessin sont indispensables.

Un cliché flou ne donnerait pas, nous ne disons pas de mauvais résultats, mais aucun résultat. Il en serait de même d'un négatif insuffisamment renforcé où la couche de collodion ne serait pas, dans les noirs qui doivent arrêter la lumière, d'une opacité complète. On renforcera au bichlorure de mercure, à l'acide pyrogallique, ou au sel de chrome en combinaison, qui donne un fond rouge brique clair impénétrable au rayon.

Il est inutile de tenter l'application d'une méthode, si l'on ne veut s'astreindre aux exigences du procédé; si le décorateur n'est pas photographe, il devra s'adresser aux personnes du métier.

Mais ce qu'il doit apprendre dans cette brochure, c'est qu'il ne doit pas accepter un négatif qui n'aurait pas les qualités dont nous parlons.

Nous ajouterons que le gélatinobromure n'est pas fait pour ce genre de négatifs; c'est au collodion seul qu'il faut les demander.

Le gélatinobromure laisse presque toujours un voile dans le trait, et c'est précisément ce qu'il faut éviter par-dessus tout.

Nous avons dit plus haut que le dessin, dans le négatif que nous cherchons à caractériser, doit, pour ainsi dire, paraître découpé à l'emporte-pièce dans le tissu du collodion.

On connaît ces découpures qui se font dans des feuilles de cuivre léger et qui permettent de reporter sur le papier, à l'aide de tampon, le dessin grossier qui est à jour sur la feuille de métal.

Si l'on applique la découpure sur une feuille de papier, le dessin se montre nettement en blanc à travers les découpures.

Il doit en être exactement de même si l'on remplace le cuivre par le négatif. Le dessin délié et délicat obtenu sur le collodion doit se montrer en blanc sans aucun voile.

On dira peut-être qu'il est difficile de faire des négatifs réunissant ces qualités, c'est une erreur : des opérateurs exercés au maniement des produits photographiques obtiendront sans peine ces résultats.

Le négatif doit être régulier dans l'ensemble, c'est-à-dire que le dessin à reproduire ne doit pas recevoir plus de lumière d'un côté que de l'autre. Dans ce cas, l'opacité ne serait pas égale sur toute la surface du cliché.

La lumière doit tomber de face sur le dessin que l'objectif doit reproduire.

Ce résultat s'obtient en plein air plus facilement que dans la terrasse où la lumière est toujours plus faible du côté du mur qui est opposé à la partie vitrée. Cette disposition, excellente pour le portrait, à peu près suffisante pour la reproduction des dessins de demi-teintes dont le tirage se fait sur le papier ordinaire de photographie, est toujours nuisible dans la reproduction du trait. Un des côtés du négatif est plus clair que l'autre malgré l'emploi des réflecteurs, qui pallient ce défaut mais ne peuvent le faire disparaître entièrement.

Préparation du papier.

Pour être compris dès le début et pour ne pas laisser le lecteur en suspens, nous disons que le procédé consiste à reporter sur la porcelaine, sans le secours de la presse, une épreuve inverse de celle que nous voulons définitivement obtenir.

Cette épreuve sera formée d'une substance soluble à l'eau. L'épreuve vraie à vitrifier sera le dessin que l'on fixera mécaniquement sur la porcelaine et qui y sera développé par un simple lavage à l'eau.

On prendra du papier albumine coagulé ou du papier gélatine coagulé que l'industrie prépare.

Si l'on veut faire cette opération soi-même, on donnera la préférence au papier albuminé. On coagulera l'albumine en plongeant les feuilles (formées en rouleau) dans une éprouvette remplie d'alcool à 40° où elles resteront un quart d'heure. pour être certain que la coagulation de l'albumine est complète, on pourra, après ce premier traitement à l'alcool, intercaler le papier en opérant sur une seule feuille à la fois, entre deux feuilles de buvard épais, et passer en appuyant un fer à repasser le plus chaud possible. La chaleur complètera, s'il y a lieu, ce que l'alcool n'aurait fait qu'imparfaitement.

On coupera les feuilles en quatre. On relèvera les bords de chaque carré de papier pour le former en cuvette.

On préparera à l'avance une dissolution de gomme arabique bien blanche, dans l'eau, sans employer la chaleur. On sensibilisera cette gomme en y mêlant une autre dissolution de bichromate d'ammoniaque, ou mieux de potasse dont le prix est moins élevé. Le tout dans les proportions et suivant la formule qui suit :

Préparation des produits.

1°	Gomme.	500gr
	Eau ordinaire.	500cc
2°	Bichromate de potasse.	200gr
	Eau ordinaire.	200

Il est utile de préparer une certaine quantité de gomme à la fois.

Dans les proportions indiquées, la gomme met un certain temps à se dissoudre : deux ou trois jours suffisent à peine; on remue de temps en temps pour hâter la dissolution.

Cette gomme à l'état liquide est très épaisse, comme on peut le prévoir, mais il nous faut une couche épaisse; elle s'éclaircira par l'addition de l'eau saturée de bichromate de potasse.

Solution de gomme.	100cc
Eau saturée de bichromate de potasse . . .	100cc

Après le mélange on passe la liqueur sensible, trop dense pour être filtrée, à travers une flanelle légère qu'on mouille au préalable; mais il ne faut pas tordre le chiffon en nouet si l'on veut éviter la formation des bulles, très nuisibles au moment de la préparation du papier, et difficiles à écarter à cause de l'épaisseur de la couche.

Le liquide doit être préservé de la lumière : les

feuilles préparées sont à l'état sec, d'une sensibilité extrême. Un coup de lumière ne rend pas cependant la couche tout à fait insoluble, mais il faut, pour l'emploi, que le papier ait gardé toute sa sensibilité.

Les feuilles qui ont vu le jour pendant quelques secondes ne sont plus bonnes.

Préparation des feuilles.

Cette préparation se fait dans lecabinet noir.

Les quarts des feuilles, dont les bords sont relevés en forme de cuvette, sont placés sur un verre de dimensions plus grandes : on tient ce support à la main.

La mixtion est versée sur le haut du papier et, par le maniement de la glace qu'on incline à droite, à gauche, on aide le liquide à se répandre en couche égale sur toute l'étendue de la feuille. On reprend l'excédent dans un récipent à part.

On repousse vers les bords avec le doigt les bulles qui se forment au milieu, car la couche est trop épaisse pour que l'on puisse y arriver en soufflant sur la feuille.

Le papier doit sécher dans l'obscurité pendant une heure en été ; on peut le préparer la veille au soir.

Les feuilles qui ne sont pas employées le lendemain sont perdues. On n'en préparera donc que le nombre dont on prévoit le besoin.

Insolation.

Nous n'avons plus affaire ici à la réaction dont nous avons parlé au Chapitre des épreuves poudrées en or ou en bronze. Nous avions alors toute liberté pour le temps de pose; ici, le principe reste le même, mais nous faisons servir cette réaction à une application qui diffère essentiellement de celle que nous rappelons. Dans le premier cas, il importait peu que la couche sensible fût à peu près insoluble sur toute l'étendue du verre; mais, dans le cas présent, l'insolubilité doit être relative et mesurée, et la gomme doit conserver toute sa solubilité en dehors des traits qui forment le dessin.

Le temps de pose, dans cette application, doit être précis et mesuré : on peut l'indiquer avec certitude, si les châssis sont exposés à l'ombre.

On laissera environ deux minutes les épreuves au jour par une belle lumière.

On vérifiera, du reste, dans le cabinet noir, si la couche est suffisamment impressionnée.

On reporterait le chassis au jour si l'épreuve n'était pas visible sur le papier.

Nous disons *visible*. Si l'épreuve était trop accusée, la feuille serait perdue.

Le dessin doit être à peine marqué et très peu accentué.

La couleur de l'épreuve sera brune si le temps de pose est exagéré. L'insolation est juste si le dessin est de couleur olive.

C'est ce ton verdâtre qu'il ne faut jamais dépasser, et même, sous cet aspect vert, l'épreuve ne doit pas être trop visible. Nous le répétons, il est bien entendu qu'on se défiera de la couleur brune dans la venue de l'épreuve.

La valeur de l'insolation ne peut être constatée que par un examen fait à la lumière jaune du laboratoire, dans la partie la plus éclairée de la pièce, ou à la lumière d'une bougie.

On comprend par toutes ces indications, que nous multiplions avec intention, qu'il ne faut pas s'attendre à trouver un dessin à traits vifs sur la couche de gomme, comme dans le tirage au sel d'argent. C'est en regardant de près qu'on peut le voir, et, s'il est trop visible, l'épreuve est à refaire.

Mouillage des épreuves.

On peut, vu le temps très court qui est nécessaire à l'insolation, mettre au jour une très grande quantité d'épreuves dans une matinée. L'été, le nombre n'en est pas limité.

Le jour est toujours suffisant en hiver, quel que soit le temps, pour rendre ce travail possible.

On ne procède au report qu'après l'insolation de toutes les épreuves qu'on veut fixer sur porcelaine. On ne peut pas quitter une opération pour passer à une autre. Il est prudent, si l'on veut éviter tout mécompte, de faire, dès le matin, une opération complète, insolation et report, pour s'assurer que le temps de pose qu'on a adopté est exact.

Si l'on se borne à multiplier le même jour les épreuves d'un seul et même négatif, on sera fixé d'avance sur le résultat général.

Le mouillage des épreuves est une opération délicate : on dispose d'abord le cahier de papier à intercaler. On prend quatre ou cinq feuilles de buvard blanc, la couleur blanche étant préférable à la couleur saumon; on coupe les feuilles en quatre et on en forme un cahier qu'on place dans une cuvette pleine d'eau fraîche.

Le cahier mouillé et bien pénétré par l'eau est posé à cheval sur une ficelle tendue où on le laisse s'égoutter.

On s'y prend dès le matin et c'est la première opération à faire, car le cahier ne peut servir qu'à l'état humide : il de doit pas être mouillé au moment du service.

Si le cahier n'était pas en état, on intercalerait des feuilles supplémen'aires pour absorber l'eau en excès; si l'on met ce cahier sous presse, l'eau pénétrera régulièrement toutes les épaisseurs du papier.

On ouvre le cahier dans son milieu et on marque la feuille en y plaçant un papier de couleur qu'on laissera déborder.

On pose quelques épreuves, en très petit nombre, sur le buvard humide, *la préparation en dessus* (ce détail est très important). On couvre ensuite l'épreuve d'une feuille de papier écolier lisse et bien satinée et l'on referme le cahier.

La couche de gomme en contact avec le buvard ne reçoit l'humidité qu'à travers le papier qui porte la mixtion et sur lequel l'épreuve s'est développée, et la partie repliée du cahier communique une légère moiteur à l'épreuve sur le côté préparé à travers la feuille de papier sec interposée entre l'épreuve et le papier buvard humide.

On recouvre l'épreuve avec cette feuille auxiliaire de papier sec pour empêcher le papier buvard trop humide d'être directement en contact avec la couche de gomme. Si l'on negligeait ce détail, l'épreuve serait perdue; la gomme à reporter s'attacherait sur la feuille de papier buvard ou serait dissoute par l'excès d'humidité.

Il est bon de placer le cahier sur une glace pour assurer la régularité de la pression.

Quand la feuille de papier sec a été posée, on passe la main pour la faire porter, sans pli, sur les épreuves, et le buvard est refermé comme un livre. On le couvre d'une glace épaisse qu'on charge d'un poids quelconque.

Un kilogramme de pression suffit.

Après deux minutes, on ouvre le buvard pour juger de l'état d'humidité des épreuves. Une minute de plus d'intercalation suffirait pour tout gâter. C'est en prévision de cet accident que nous avons désigné par un signet en papier la feuille du cahier sur laquelle les épreuves ont été placées. Il n'est pas facile, en effet, de feuilleter un cahier de buvard humide, et le retard dans la vérification est souvent une cause d'insuccès.

Si la feuille de papier sec posée sur les épreuves a une tendance à s'y attacher, le report doit être fait immédiatement sur porcelaine.

Si le papier colle trop, l'épreuve est trop humide et pour ainsi dire perdue. Il vaut mieux ne pas tenter le report, surtout si l'on remarque que la couche de gomme a été retenue en partie par la feuille de papier sec.

Il faut donc, pour la réussite du report, que la feuille de papier sec n'ait qu'une tendance à happer l'épreuve et que cette tendance, quoique bien prononcée, ne soit pas un commencement d'adhérence entre les deux feuilles.

Si nous insistons plus que de mesure, c'est que tout le succès du travail dépend de cette vérification.

Ces opérations seront faites dans le cabinet noir, dont on ne devra sortir qu'après le report.

On prend une première épreuve dans le buvard, en laissant les autres en place, sans refermer le buvard, et on l'applique sur la pièce de porcelaine qui doit la recevoir ; la forme de l'objet importe peu.

La couche humide formant l'épreuve a une tendance à adhérer à l'émail de la porcelaine : quand le papier est en place, on le recouvre d'un second papier blanc, et, avec un brunissoir en agate ou avec tout autre corps dur, mais parfaitement poli, on presse le papier dans tous les sens et sur toute son étendue.

On interpose le papier sec, qu'il est bon de talquer, pour faciliter le jeu du brunissoir. L'instrument ne doit pas être en contact direct avec le papier humide, qui pourrait se déchirer sous la pression.

Si l'épreuve ne se collait pas sur la porcelaine, on passerait au dos une éponge humide et essorée ; on replacerait ensuite le papier sec pour continuer le travail d'application avec le brunissoir. On s'arrête quand l'épreuve est attachée sur la porcelaine, dont elle a pris les contours. On laisse l'épreuve en place, pendant deux minutes au plus, car elle ne doit pas sécher complètement.

On reprend l'éponge, et l'on mouille le papier ; ce mouillage au dos ramollit la gomme. On enlève soigneusement avec l'éponge l'eau qui s'amasse sur les bords du papier là où l'épreuve finit, et qui pourrait glisser entre l'épreuve et la pièce à décorer.

On soulève après deux minutes un des angles de l'épreuve, et l'on examine si le papier cède à une traction légère et si la gomme quitte le papier pour se fixer sur la porcelaine. Dans le cas contraire, on passe encore l'éponge bien essorée sur le papier, après avoir rabattu l'angle soulevé, et l'on attend pour recommencer l'inspection.

On enlève définitivement le papier, pour examiner dès lors en plein jour si le report s'est fait dans de bonnes conditions.

L'épreuve se détache en jaune très visiblement sur l'émail blanc de la porcelaine; ce sont les lignes blanches qui représentent le vrai dessin marqué par l'absence de la couche de gomme.

Si la gomme ne s'est pas fixée sur la pièce et si le dessin est resté sur le papier, il y a eu trop d'insolation. On a pu le remarquer, déjà, pendant l'opération du transport : la couche trop insolée a refusé de se coller sur le subjectile, et l'on n'y est arrivé que par excès de mouillage.

Si l'épreuve n'est pas nette, c'est par suite du manque d'insolation. L'accident peut provenir du mouillage exagéré dans le cahier buvard. Il peut se faire encore que l'on ait trop mouillé à l'éponge.

Nous pouvons expliquer maintenant, mais nos lecteurs l'ont déjà compris, la réaction qui permet d'appliquer cette méthode à la céramique : sous le négatif, la lumière rend sur le papier préparé la gomme insoluble sur toute l'étendue des lignes qu'elle touche.

Les points voisins, soustraits au jour par l'opacité de la couche de collodion, restent entièrement solubles.

En mouillant l'épreuve, la gomme soluble se ramollit ; nous n'avons pas à nous occuper des parties insolubles.

L'épreuve se colle donc par elle-même, et un peu par pression, sur la porcelaine quand on lui a rendu une certaine humidité. Elle a plus d'adhérence sur le corps dur que sur le papier, qui est de nature spongieuse et pénétrable à l'eau.

Une fois fixée sur la porcelaine, où la couche sensible de gomme ne doit sécher qu'imparfaitement, si l'on mouille le papier, il suffit que le peu d'humidité qu'elle a perdue en séchant lui soit rendue, pour que l'adhérence établie par la pression entre les deux surfaces soit rompue. La gomme reste fixée sur le vernis de la porcelaine, qui est impénétrable à l'eau.

Mais on comprend qu'un trop grand mouillage du papier après le report ferait pénétrer l'eau dans toute l'épaisseur de la couche de gomme, et qu'alors cette matière dissoute coulerait entre le papier et la porcelaine, et ne se fixerait ni sur l'un si sur l'autre support.

Ces reports ne peuvent être faits sur le biscuit, c'est-à-dire sur la porcelaine qui n'a pas reçu d'émail et dont la surface n'est pas brillante ; deux raisons s'y opposent :

La surface du biscuit n'étant pas lisse, la gomme ne s'y attache qu'imparfaitement et le grain s'oppose à l'égalité de la couche. La gomme ne prend que sur les aspérités.

Il faut remarquer en outre que la porcelaine qui n'est que dégourdie reste spongieuse, et qu'une partie de la gomme qui forme le corps de l'épreuve est absorbée par le biscuit, si bien que le poudrage, dont nous allons parler, n'est plus possible.

Il y a encore une seconde cause d'insuccès sur le biscuit.

En raison du traitement que nous allons faire subir à la porcelaine, l'application des poudres vitrifiables sera faite par poudrage, et, comme il n'est pas possible de n'appliquer le noir que sur le dessin, la poudre s'étend sur toute la pièce à décorer.

Il semble que le noir de porcelaine devrait être sans adhérence sur un corps dur, s'il n'y rencontre une matière poisseuse quelconque pour le retenir, et cependant les lavages les plus soignés n'enlèvent pas le voile noir qui ternit la blancheur de la porcelaine à l'état de biscuit.

Poudrage.

Après le report, on étend, au pinceau, une couche de gomme qui n'est que d'une utilité accessoire et qui ne doit recouvrir que quelques centimètres de la porcelaine tout autour du transport et se raccorder avec lui. On veillera, en passant cette gomme, à ne couvrir aucun trait du dessin. Cette couverture n'est mise que pour empêcher la mixtion que nous allons passer sur l'épreuve de porter directement sur la porcelaine, si cette mixtion s'étend plus loin que l'image que nous allons saupoudrer.

La poudre qui porte sur la gomme sera enlevée au lavage à l'eau, mais celle qui s'attache à la mixtion ne céderait qu'au grattoir ou à l'essence, et l'on aurait à faire un travail long et inutile.

Cire blanche.	10gr
Résine en poudre.	20
Essence de térébenthine . .	100cc

On fait fondre la résine et la térébenthine sur un feu doux, et l'on verse la préparation en la passant à travers une mousseline dans un récipient pouvant aller au feu, pour pouvoir ramollir la mixtion à la chaleur quand on voudra s'en servir.

On passe, à l'aide d'un bout de flanelle, ou plus simplement au doigt, une légère couche de la mixtion sur l'épreuve, sans dépasser la couche de gomme.

On peut chauffer légèrement la pièce pour faciliter l'extension de ce vernis, et l'on poudre le dessin à l'aide d'un blaireau.

On laisse, après le poudrage, la pièce en repos pendant un quart d'heure au moins, suivant la température, pour laisser évaporer la térébenthine et pour donner à la poudre d'émail le temps de pénétrer dans la mixtion.

Dépouillement de l'épreuve.

On a vu que, dans l'opération du poudrage, la couche préparatoire de mixtion a été étendue sans aucune préoccupation de réserve sur toute la surface du report, et qu'elle a couvert non seulement le dessin, mais les intervalles des lignes.

De même que dans le procédé au charbon, nous sommes en présence, après le poudrage, d'un placard noir qui ne laisse voir aucun trait.

L'épreuve se montrera aussitôt que nous aurons plongé la porcelaine dans l'eau tiède, ou, en été, dans l'eau ordinaire.

La poudre noire ne s'est pas fixée de la même manière sur l'objet.

Elle porte en partie sur une couche de gomme et en partie directement sur l'émail de la porcelaine, en ne tenant pas compte de la mixtion interposée.

Plongée dans l'eau, la gomme sera dissoute à travers la mixtion qui est mise en couche légère, et la poudre noire ou de couleur qui se sera attachée sur la gomme sera enlevée par l'eau. La porcelaine redeviendra blanche comme avant.

Le noir, au contraire, résistera à l'attaque de l'eau, puisqu'il est, sans intermédiaire soluble, fixé sur l'émail.

Ce sont précisément ces parties qui constitueront le dessin.

Le seul contact de l'eau peut quelquefois ne pas être suffisant pour dégager complètement l'épreuve.

Si, après l'immersion, la poudre noire n'abandonnait pas certaines parties de l'épreuve et y laissait des voiles, on immergerait entièrement la porcelaine dans une autre vase plein d'eau renouvelée, et l'on ferait glisser sans pression sur l'épreuve une touffe de coton préalablement imbibée d'eau.

Le coton ne doit exercer d'autre pression que celle qui résulte de son poids.

La poudre, bien que retenue par la mixtion, ne résisterait pas à l'attaque d'un corps moins souple.

On rince la pièce après le lavage, et on la laisse sécher avant de la passer à la moufle.

Nous avons ici une épaisseur de poudre beaucoup plus grande que celle qui est prise par la couche sensible dans les épreuves que nous avons transportées à l'aide de la pellicule.

Aussi peut-on, quand il ne reste plus trace d'eau, faire tiédir la pièce pour ramollir la mixtion qui fixe la poudre et pour lui faciliter l'absorption d'une couche de fondant qu'on pose par poudrage comme précédemment, afin de rendre la vitrification au feu plus prompte et plus brillante.

Il n'y a aucun danger de voir l'épreuve pâlir au feu, par suite de la combinaison du fondant avec le noir de porcelaine.

Il importe peu que ce fondant ait dépassé les limites du dessin. Il se confondra avec la porcelaine après la fusion, sans laisser de traces.

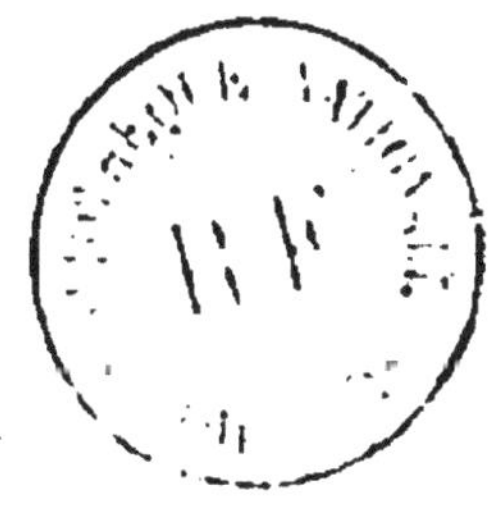

TABLE DES MATIÈRES.

Pages.

CHAPITRE PREMIER.

CHAPITRE II.

CHAPITRE III.

CHAPITRE IV.

CHAPITRE V.

CHAPITRE VI.

CHAPITRE VII.

CHAPITRE VIII.

CHAPITRE IX.

FIN DE LA TABLE DES MATIÈRES.

Paris. — Imp. Gauthier-Villars, 55, quai des Grands-Augustins.

www.ingramcontent.com/pod-product-compliance
Ingram Content Group UK Ltd.
Pitfield, Milton Keynes, MK11 3LW, UK
UKHW021040230726
13926UKWH00004B/1577